CHENGSHI PEIDIANWANG GUIHUA
GONGZUO SHOUCE

城市配电网规划

工作手册

国网上海市电力公司市北供电公司　组编

中国电力出版社
CHINA ELECTRIC POWER PRESS

内 容 提 要

本书针对配电网规划工作需求，借鉴已开展的配电网规划的设计经验，介绍了配电网规划的思路、流程、方法，包括总论、现状配电网评估、城市规划及配电网供电区域划分、配电网负荷预测、高压配电网规划、中低压配电网规划、配电自动化规划、电源接入规划、电力通道规划、规划方案技术经济分析、智能配电网及泛在电力物联网。

本书可供配电网规划专业人员参考使用。

图书在版编目（CIP）数据

城市配电网规划工作手册 / 国网上海市电力公司市北供电公司组编 . —北京：中国电力出版社，2019.9

ISBN 978-7-5198-3678-8

Ⅰ．①城…　Ⅱ．①国…　Ⅲ．①城市配电网—电力系统规划—手册　Ⅳ．① TM727.2-62

中国版本图书馆 CIP 数据核字（2019）第 202386 号

出版发行：中国电力出版社

地　　址：北京市东城区北京站西街 19 号（邮政编码 100005）

网　　址：http://www.cepp.sgcc.com.cn

责任编辑：吴　冰（010-63412356）

责任校对：黄　蓓　常燕昆

装帧设计：郝晓燕

责任印制：石　雷

印　　刷：北京博图彩色印刷有限公司

版　　次：2019 年 10 月第一版

印　　次：2019 年 10 月北京第一次印刷

开　　本：787 毫米 ×1092 毫米　16 开本

印　　张：10.5

字　　数：251 千字

印　　数：0001—2000 册

定　　价：55.00 元

编 委 会

编委会主任　史济康　沈建忠

编委会副主任　毛　俊　王卫公　吴峥嵘　俞　康　张　立

本书编写组

主　　　　编　吴峥嵘

副　主　编　陈　群　陈春琴　薛　兵　石江华　黄震宙

编写组成员

国网上海市电力公司市北供电公司

郑　熠　吴　静　傅佳红　申意文　阙之玫　王凯令

朱立蓉　包明立　卢俊琰

前　言

　　配电网是国民经济和社会发展的重要公共基础设施，是坚强智能电网的重要组成部分，直接面向终端用户，与广大人民群众的生产生活息息相关。当前，我国正处于全面建设小康社会的关键时期，能源生产和消费领域正在发生重大变革，对配电网供电能力、供电可靠性和智能化水平要求越来越高，迫切需要加快智能配电网规划建设，实现世界一流配电网。为加强电网统一规划，提升配电网规划设计理念，实现配电网科学发展，全面建成安全可靠、经济高效、灵活先进、绿色低碳、环境友好的智能配电网。本书充分结合配电网规划的日常工作需求，借鉴已开展配电网规划的成熟经验设计，紧密结合城市发展的实际情况，坚持差异化、标准化、适应性、协调性原则，介绍了配电网规划的思路、流程、原理、方法，阐述了配电网发展的最新领域、智能化发展的前沿技术，并详细列举了配电网规划常用参数、典型案例等。

　　全书包括总论、现状配电网评估、城市规划及配电网供电区域划分、配电网负荷预测、高压配电网规划、中低压配电网规划、配电自动化规划、电源接入规划、电力通道规划、规划方案技术经济分析及智能配电网及泛在电力物联网十一章。

　　本书编撰既突出兼顾理论性与实用性的结合，紧扣供电可靠性，贯彻差异化等先进理念，按照统一、结合、衔接的总体要求，统筹配电网建设和改造，也突出配电网规划与城市发展规划紧密衔接。同时，全面总结近年来配电网规划工作经验，充分融合当前国际上智能配电网发展研究热点和前沿技术，涵盖配电网规划各环节的理论推导、方法解读和算例推演。

　　本书适应配电网规划专业人员的使用需求，内容丰富，点面结合，希望能为广大读者在配电网规划工作中提供指导和帮助。

作　者

2019 年 5 月

目　录

1 总　　论

1.1　城市配电网综述

配电网是从输电网和各类发电设施接受电能，通过配电设施就地或逐级分配给各类电力用户的110kV及以下电力网络。配电网是电网的重要组成部分，与城乡规划建设密切相关，是服务民生的重要基础设施，直接面向终端用户，需要快速响应用户需求，具有外界影响因素复杂、地区差异性大、设备数量多、工程规模小且建设周期短等特点。随着新能源、分布式电源和多元化负荷的大量接入，配电网的功能和形态发生深刻变化，由"无源"变为"有源"，潮流由单向变为多向，呈现变化大、多样化的新趋势。

配电网根据电压等级分为高压配电网、中压配电网和低压配电网。在我国，高压配电网的电压等级一般采用110kV和35kV，东北地区主要采用66kV；中压配电网的电压等级一般采用10kV，个别区域采用20kV或6kV；低压配电网的电压等级采用380/220V。

配电网包括一次设备和二次设备。一次设备直接配送电能，主要包括变压器、开关设备、架空线路、电力电缆等；二次设备对配电网进行测量、保护与控制，主要包括继电保护装置、安全自动装置、计量装置、配电自动化终端、相关通信设备等。

配电网规划是电网规划的重要组成部分，是指导配电网发展的纲领性文件，是配电网建设、改造的依据。开展配电网规划，制订科学合理的规划方案，对提高配电网供电能力、供电可靠性和供电质量，满足负荷增长，适应电源及用户灵活接入，实现系统经济高效运行，切实提升配电网发展质量和效益具有重要意义。

1.2　城市配电网规划的基本原则

配电网规划应依据统一技术标准要求，紧扣供电可靠性，贯彻电网本质安全、资产全寿命周期管理等先进理念，按照统一、结合、衔接的总体要求和差异化的建设标准，统筹配电网建设和改造，遵循经济性、可靠性、差异性、灵活性、协调性的原则。

（1）经济性。遵循全寿命周期的管理理念，统筹考虑电网发展需求、建设改造总体投资、运行维护成本等因素，按照饱和负荷需求，导线截面一次选定、廊道一次到位、变电站土建一次建成，坚持新建与改造相结合，注重节约和梯次利用，避免随意拆除、大拆大建、重复建设和超标准改造等浪费现象，保证规划的科学性；对项目实施方案进行多方比选，分析投入产出，选取技术指标和经济指标较优的规划方案；规划建设规模和投资方案以供电企业为基本单位进行财务评价，确定企业的贷款偿还能力和经济效益，保证可持续发展。

（2）可靠性。满足电力用户对供电可靠性要求和供电安全标准。可靠性一般通过供电可靠率 RS-3（Reliability on Service-3）判定配电网向电力用户持续供电的能力，通常是根据某一时期内电力用户的停电时间进行核算，计及故障停电和预安排停电（不计系统电源不足导致的限电）；供电安全标准一般通过某种停运条件下的供电恢复容量和供电恢复时间等要求进行评判，停运条件包括 $N-1$ 停运和 $N-1-1$ 停运，前者是指故障或计划停运，后者是指计划停运的情况下发生故障停运。配电网规划应兼顾可靠性与经济性，可靠性目标值过低，不能满足用户的用电要求；目标值过高，将造成过度的资金投入，投资效益下降。

（3）差异性。满足不同电力用户的差异性用电要求，适应不同地区的地理及环境差异，划分供电区域进行差异化规划。一般按照负荷密度、用户重要程度等，参考地区行政级别，按照统一的标准和原则，将配电网划分为若干类不同的区域，根据区域经济发展水平和可靠性需求，制定相应的建设标准和发展重点。

（4）灵活性。配电网发展面临很多不确定因素，规划方案应具有一定的灵活性，能够适应规划实施过程中上级电源、负荷、站址通道资源等变化。同时，规划方案应充分考虑运行需求，提升智能化水平，能够在各种正常运行、检修等情况下灵活调度，确保配电网对运行条件变化的适应性，满足新能源、分布式电源和多元化负荷灵活接入，实现与用户友好互动。

（5）协调性。配电网是电力系统发、输、配、用的中间环节，因此配电网规划应体现输配协调、城乡协调、网源协调、配用协调、一二次协调。同时，配电网规划应与城市发展规划紧密结合，统筹用户和公共资源，应用节能环保设备设施，促进配电网与周边景观协调一致，实现资源节约和环境友好。

1.3　规划依据与规划年限

配电网规划要全面落实国家和地方经济社会发展目标要求，深入分析配电网现状、存在问题及面临的形势，研究提出配电网发展的指导思想、发展目标、技术原则、重点任务及保障措施，指导配电网建设和改造。一方面要以经济社会发展为基础，分析配电网发展需求，合理确定总体发展速度、建设和投资规模；另一方面要根据存在的具体问题和负荷需求，研究制订目标网架结构、站点布局、用户和电源接入方案等，明确工程项目以及建设时序和投资。

配电网规划年限应与国民经济和社会发展规划的年限保持一致，与城乡发展规划、输电网规划等相互衔接，规划期年限一般为 5 年，主要分析现状及问题，明确发展目标，开展专题研究，制订规划方案，提出 5 年内 35～110kV 电网项目和 3 年内 10kV 及以下电网项目。当城乡总体规划、土地利用总体规划、控制性详细规划等较为详细时，配电网规划可展望至 10～15 年，确定配电网中长期发展方向，编制远景年的目标网架及过渡方案，提出上级电源建设、电力设施布局等方面相关建议。

配电网发展的外部影响因素多，用户报装变更、通道资源约束、市政规划调整等都会影响配电网工程项目建设。为更好地适应各类变化情况，配电网规划应建立逐年评估和滚动调整机制，根据需要及时研究并调整规划方案，保证规划的科学性、合理性、适应性。

1.4　规划编制流程及内容深度要求

配电网规划的流程如图 1-1 所示，主要内容有：

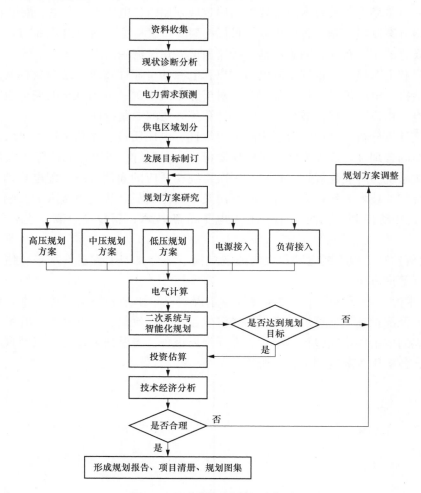

图 1-1　配电网规划流程示意图

（1）现状诊断分析。逐站、逐变、逐线分析与总量分析、全电压等级协调发展分析相结合深入剖析配电网现状，从供电能力、网架结构、装备水平、运行效率、智能化等方面，诊断配电网存在的主要问题及原因，结合地区经济社会发展要求，分析面临的形势。

（2）电力需求预测。结合历史用电情况，预测规划期内电量与负荷的发展水平，分析用电负荷的构成及特性，根据电源、大用户规划和接入方案，提出分电压等级网供负荷需求，具备控制性详规的地区应进行饱和负荷预测和空间负荷预测，进一步掌握用户及负荷的分布情况和发展需求。

（3）供电区域划分。依据负荷密度、用户重要程度，参考行政级别、经济发达程度、用

3

电水平、GDP 等因素，合理划分配电网供电区域，分别确定各类供电区域的配电网发展目标，以及相应的规划技术原则和建设标准。

（4）发展目标确定。结合地区经济社会发展需求，提出配电网供电可靠性、电能质量、目标网架和装备水平等规划水平年发展目标和阶段性目标。

（5）变配电容量估算。根据负荷需求预测以及考虑各类电源参与的电力平衡分析结果，依据容载比、负载率等相关技术原则要求，确定规划期内各电压等级变电、配电容量需求。

（6）网络方案制定。制订各电压等级目标网架及过渡方案，科学合理布点、布线，优化各类变配电设施的空间布局，明确站址、线路通道等建设资源需求。

（7）用户和电源接入。根据不同电力用户和电源的可靠性需求，结合目标网架，提出接入方案，包括接入电压等级、接入位置等；对于分布式电源、电动汽车充换电设施、电气化铁路等特殊电力用户，开展谐波分析、短路计算等必要的专题论证。

（8）电气计算分析。开展潮流、短路、可靠性、电压质量、无功平衡等电气计算，分析校验规划方案的合理性，确保方案满足电压质量、安全运行、供电可靠性等技术要求。

（9）二次系统与智能化规划。提出与一次系统相适应的通信网络、配电自动化、继电保护等二次系统相关技术方案；分析分布式电源及多元化负荷高渗透率接入的影响，推广应用先进传感器、自动控制、信息通信、电力电子等新技术、新设备、新工艺，提升智能化水平。

（10）投资估算。根据配电网建设与改造规模，结合典型工程造价水平，估算确定投资需求以及资金筹措方案。

（11）技术经济分析。综合考虑企业经营情况、电价水平、售电量等因素，计算规划方案的各项技术经济指标，估算规划产生的经济效益和社会效益，分析投入产出和规划成效。

配电网规划成果体系应包括总报告、专项规划报告、专题研究报告，以及现状电网和规划电网图集、各电压等级规划项目清册等。

2　现状配电网评估

2.1　现状配电网评估的目的及主要内容

2.1.1　现状配电网主要内容

现状配电网评估是配电网规划的基础性工作之一，其主要目的在于剖析现状配电网在网架结构、运行指标、设备状况等方面的实际情况，找出配电网存在的问题，并以问题为导向，指导近期配电网规划方案。因而评估成果的精准度将直接影响后续配电网网架规划中建设及改造方案的质量。

城市配电网评估主要内容包括以下六个部分：确定评估范围；建立针对城市配电网特点的评估体系；收集资料对配电网现状情况进行统计、摸底；对收集到的数据进行精细化处理；完成城市化配电网评估体系表，并计算得分；分析得分情况，有针对性地提出对城市配电网下一步建设及改造的相关意见和建议。

城市配电网评估工作的内容相较于常规配电网评估，其差异性体现在以下三个方面：评估方法适用于城市配电网，突出城市发展建设的特点；评价指标更具针对性和实用性，能直接反映配电网中问题，更侧重微观分析——站、变、线的评估，对后续改造工作具有更明确的指导意义；提升各级评价指标的契合度，对部分指标的归类进行了调整，使指标体系结构更为合理。

2.1.2　现状配电网评估工作流程

城市配电网评估工作流程如图 2-1 所示。

2.1.2.1　确定评估工作目标

明确评估工作的目标、内容、范围等总体原则，它决定了评估工作的方向、深度以及整个评估工作的工作量，是对工作的指导性依据。

城市配电网评估地理范围即配电网规划所在规划区，评估对象为规划区内配电网设备，涉及电压等级为 110(35)kV、10(20)kV 和 380/220kV。

2.1.2.2　建立评估指标体系

确定评估的指标体系和具体指标、评分标准、判据标准和权重选择，一方面决定数据收资的具体内容；另一方面确定评估计算分析中的关键要素和规则，这是开展评估后续工作的前提。

首先确认总体评估指标体系，涵盖配电网供电质量、电网结构、供电能力、供电安全、建设资源以及电网效率等指标。在此基础上，以城市规划定位为导向，结合具体情况设定不同指标针对五类城市对应的权重值，并选取其中体现该类区域电网特征的指标，设立 KPI 指标。

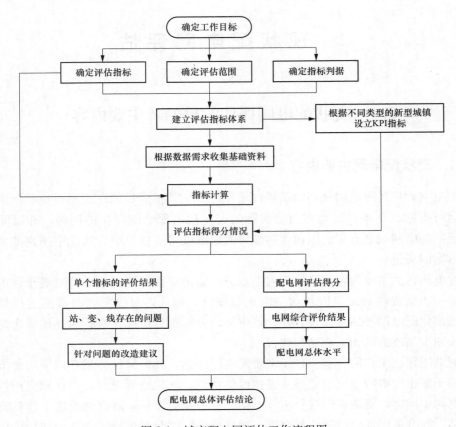

图 2-1　城市配电网评估工作流程图

2.1.2.3　资料收集

详实准确的原始资料是配电网评估工作的有力保障。资料的收集范围须紧扣配电网评估指标体系，它决定了评价指标计算的实现和计算的准确性，为后续数据处理及结果分析提供支撑。因而，基础数据收集范围应涵盖 110(35)kV、10(20)kV、380/220V 等电压等级，涉及区域配电网总体规模、运行水平、供电能力、网架适应性等。同时需注意资料的准确性以及时效性（见图 2-2）。

2.1.2.4　数据处理及指标计算

对初步收集到的数据进行精细化处理是评估工作的重要环节。由电力部门提供或由系统内导出的数据，其中一部分是较为基础的设备数据，而配电网评估所需的数据需由基础数据计算得出。

由于不同部门对于同一指标数据的界定与统计方式存在差异，各部门的数据口径不统一，造成不同部门提供的数据之间出现逻辑性矛盾，如在线路回数上，规划条线按变电站出线数量确定为线路回数，运检条线则按线路设备数量确定为线路回数，两者之间数据有差别。因此需要对计算过程中的数据以及计算结果进行核对，并在有必要的情况下对数据加以修正。

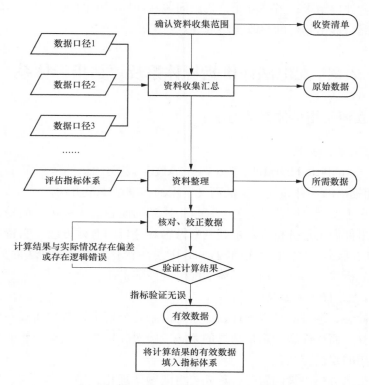

图 2-2　资料收集与数据处理工作流程图

2.1.2.5　完成指标体系表

利用处理后的配电网相关指标数据完成指标体系表是评估结果的体现形式（见图 2-3）。根据整理后的数据资料，完成配电网建设改造效果评价指标体系表，评判指标得分。

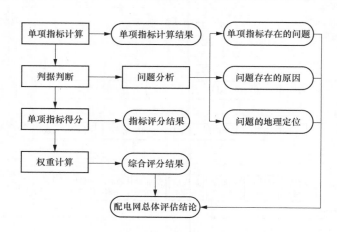

图 2-3　评估计算分析流程图

2.1.2.6 评估结论分析

对评估得分加以分析并得出相应结论是评估工作的最终目标。在前期工作、资料收集和整理的基础上，一方面对各项指标开展计算分析，综合各项指标的计算结果，开展配电网综合评价，得到综合评价结果；另一方面，找出问题和问题产生的原因，将问题入网落地，结合配电网实际情况，提出相应的整改策略或建设意见。

2.2 配电网评价指标体系及评估指标体系

2.2.1 建立评价指标体系的方法

2.2.1.1 层次分析法概述

层次分析法（Analytic Hierarchy Process，AHP）是美国运筹学家 T. L. Saaty 教授于 20 世纪 70 年代初期提出的一种简便、灵活而又实用的多准则决策方法。

层次分析法是主要针对一些较为复杂、较为模糊的问题做出决策的简易方法，是在决策过程中对非定量事件做定量分析、对主观判断做客观分析的有效方法。它特别适用于一些难于完全定量分析的问题，清晰的层次结构是 AHP 分解简化综合复杂问题的关键。

目前，层次分析法已实际运用于具体的配电网评估工作。

2.2.1.2 层次分析法基本原理

人们在进行社会、经济及科学管理领域问题的系统分析中，常常面临一个由相互关联的众多因素构成的复杂而往往缺少定量数据的系统。层次分析法为这类问题的决策和排序提供了一种简洁而实用的建模方法。

应用层次分析法分析决策问题时，首先要将问题条理化、层次化，构造出一个有层次的结构模型（递阶性层次结构）。在这个模型下，复杂问题被分解成为元素或因素的组成部分，这些元素又按其属性及关系形成若干层次，上一层次的元素作为准则对下一层次有关元素起支配作用。递阶性层次结构示意如图 2-4 所示。

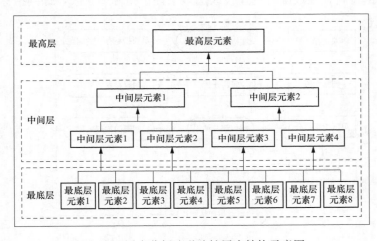

图 2-4 层次分析法递阶性层次结构示意图

递阶性层次结构中的层次可以分为三类：

（1）最高层：这一层次中只有一个元素，一般它就是分析问题的预定目标或理想结果，因此最高层也称为目标层。

（2）中间层：这一层次中包含了为实现目标所涉及的中间环节，它可以由若干个层次组成，包括所需考虑的准则、子准则，因此中间层也称为准则层。

（3）最低层：这一层次包括了为实现目标可供选择的各类基本元素，因此最低层也称为基本元素层。

递阶层次结构中的层次数与问题的复杂程度及需要分析的详尽程度有关，一般层次数不受限制。

2.2.1.3　评价指标体系建立原则

配电网处于整个电网的最底层，与用户紧密相连，具有点多、面广、线路长的特点。配电网规划指标体系的建立，必须充分考虑配电网的上述特点，确保指标体系的实用性和可操作性。即在评价指标选择方面，应准确、规范、可比；在评价指标数据来源方面，应真实、可靠；在评价结果方面，应客观、全面。具体的讲，配电网规划评价指标体系的建立应遵循以下 6 个方面原则：

（1）准确性原则。评价指标的内涵与外延界定确切，统计口径无歧义，重复计算的指标数据应具有高度的一致性。

（2）规范性原则。评价指标的分类、计量单位、计算方法、调查表式等应有统一的规范性要求，以便于在实际工作中推广应用。

（3）可比性原则。评价指标应方便不同地区之间和同一地区不同时间状态下配电网规划建设情况的相互比较，突出导向性效果。

（4）可靠性原则。评价指标要有可靠的统计数据渠道，具有可操作性，对于暂时不能统计又十分必要的指标可先设计，随着公司信息系统的完善而后进行统计。

（5）客观性原则。评价指标应能够真实地反映所统计的对象，客观的了解和掌握配电网的真实状态。

（6）全面性原则。评价指标所组成的体系结构应尽量覆盖配电网运行的方方面面，确定单个指标与整个指标体系所要表达的范围无盲区。

2.2.2　配电网的评价指标

不同阶段配电网评估和不同电压等级配电网评估的评估指标由于评估的对象和目的不同，其可能存在一定的差异，但对配电网整体而言，其优劣直接反映在配电网的供电能力、安全可靠性、经济性、适应性和协调性等方面。

图 2-5 为配电网评估指标体系结构图，表 2-1 为配电网评估指标体系表。

根据"以配电网规划为核心"的研究原则，同时便于实际配电网评估工作、体现评估指标的灵活性和可选择性，将各评价指标区分为"关键性指标"和"一般指标"。

关键性指标：指与配电网规划存在直接紧密联系的评价指标，应视为配电网评估必选指标（评价指标层次图中以"☆"标示），见表 2-2。

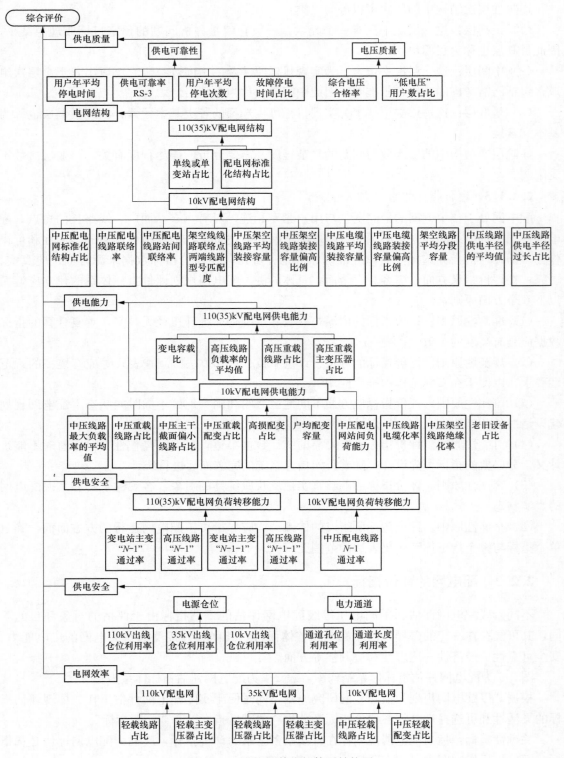

图 2-5 配电网评估指标体系结构图

表 2-1　　　　　　　　　　　　　　　配电网评估指标体系表

一级指标	二级指标	三级指标	四级指标	指标说明
供电质量	供电可靠性	用户年平均停电时间（可靠率）	—	根据（DL/T 836—2012）《供电系统用户供电可靠性评价规程》，该指标用户在统计期间内的平均停电小时数，记作 AIHC-1（h/户）
		供电可靠率 RS-3	—	按《供电系统用户供电可靠性评价规程》规定
		用户年平均停电次数	—	根据《供电系统用户供电可靠性评价规程》（DL/T 836—2012），用户在统计期间内的平均停电次数，记作 AITC-1（次/户）
		故障停电时间占比	—	即统计期间（一年）内，故障停电时间占总停电时间的比重
	电压质量	综合电压合格率	—	根据《电能质量供电电压偏差》（GB/T 12325—2008），电压合格率是实际运行电压偏差在限制范围内累计运行时间与对应的总运行统计时间的百分比
		"低电压"用户数占比	—	"低电压"用户数占总用户数的比例
电网结构	110kV 配电网结构	单线或单变站占比	单线单变的变电站名称	单线或单变站座数是指某一电压等级仅有单条电源进线的变电站与单台主变压器的变电站座数合计
		配电网标准化结构占比	110kV 线路接线模式	逐回线路统计接线模式，列出与非典型接线模式的线路清单
		110kV 变电站双电源比例	110kV 变电站电源级别	逐站统计变电站进线电源情况，列出非双电源的变电站清单
	35kV 配电网结构	单线或单变站占比	单线单变的变电站名称	单线或单变站座数是指某一电压等级仅有单条电源进线的变电站与单台主变压器的变电站座数合计
		配电网标准化结构占比	35kV 线路接线模式	逐回线路统计接线模式，列出与非典型接线模式的线路清单
		35kV 变电站双电源比例	35kV 变电站电源级别	逐站统计变电站进线电源情况，列出非双电源的变电站清单
	10kV 配电网结构	中压配电网标准化结构占比	架空线路主干线接线模式	针对变电站供出架空线路的主干线，逐回线路统计接线模式，列出与非典型接线模式的线路清单
			电缆线路主干线接线模式	针对变电站供出电缆线路的主干线逐回线路统计接线模式，列出与非典型接线模式的线路清单
		中压配电线路联络率	架空线线路联络点	针对变电站供出架空线路，逐回线路统计联络点数量，列出无联络点的线路
			架空线路联络电源	针对变电站供出架空线路，逐回线路统计联络点两端线路的电源变电站和母线段，列出变电站同一母线供出架空线路之间的联络点和线路清单
			电缆线路联络点	针对变电站供出电缆线路，逐回线路统计联络点数量，列出无联络点的线路
			电缆线路联络电源	针对变电站供出电缆线路，逐回线路统计联络点两端线路的电源变电站和母线段，列出变电站同一母线供出电缆线路之间的联络点和线路清单

一级指标	二级指标	三级指标	四级指标	指标说明
电网结构	10kV配电网结构	中压配电线路站间联络率	中压配电线路站间联络	针对变电站供出中压线路，逐回线路统计站间联络点数，以变电站为单位计算站间联络点数占总联络点数的比例，列出比例小于50％的变电站清单
		架空线线路联络点两端线路型号匹配度	架空线线路联络点线路型号匹配的线路清单	统计架空线路联络点两端线路的线型是否匹配、是否与主干线路线型匹配，列出两端线路截面偏小的联络点和线路名称
		中压架空线路平均装接容量	中压架空线路装接容量	针对变电站供出架空线路，逐回线路统计线路所供用户及电业配变总容量，列出容量大于技术原则规定的线路清单
		中压架空线路装接容量偏高比例	装接配变容量偏高线路清单	线路装接容量不宜超过12000kVA
		中压电缆线路平均装接容量	中压电缆线路装接容量	针对变电站供出电缆线路，逐回线路统计线路所供用户及电业配变总容量，列出容量大于技术原则规定的线路清单
		中压电缆线路装接容量偏高比例	装接配变容量偏高线路清单	线路装接容量不宜超过12000kVA
		架空线路平均分段容量	架空线路分段容量	逐回架空线路统计各分段线路所供容量，列出容量大于技术原则规定的线路分段清单
		架空线路分段不合理占比		分段数在3～5视为分段数合理
		中压线路供电半径的平均值	—	所有10kV线路供电半径的平均值
		中压线路供电半径过长占比	中压线路供电半径长度	市区、城市郊区、农村供电半径分别超过3、5km和15km线路为供电半径过长线路
供电能力	220kV变电站供电能力	220kV变电容载比	—	—
		220kV重载主变压器占比	220kV重载主变压器	逐台主变统计主变压器最高负载率，列出负载率不小于80％的主变压器清单
	110kV配电网供电能力	110kV变电容载比	—	计算变电容载比时，相应电压等级的计算负荷需要从总负荷中扣除上一级电网的直供负荷和该电压等级以下的电厂直供负荷
		110kV线路负载率的平均值	—	
		110kV重载线路占比	110kV重载线路	逐回线路统计线路最高负载率，列出负载率不小于80％的线路清单
		110kV重载主变压器占比	110kV重载主变压器	逐台主变压器统计主变压器最高负载率，列出负载率不小于80％的主变压器清单
		110kV线路站间可转移负荷占比	110kV线路站间可转移负荷	逐回线路统计是否具备站间负荷转移能力和转移负荷量，列出无法进行站间负荷转移的线路清单

一级指标	二级指标	三级指标	四级指标	指标说明
供电能力	35kV 配电网供电能力	35kV 变电容载比	—	计算变电容载比时，相应电压等级的计算负荷需要从总负荷中扣除上一级电网的直供负荷和该电压等级以下的电厂直供负荷
		35kV 线路负载率的平均值	—	
		35kV 重载线路占比	35kV 重载线路	逐回线路统计线路最高负载率，列出负载率不小于 80% 的线路清单
		35kV 重载主变压器占比	35kV 重载主变压器	逐台主变压器统计主变最高负载率，列出负载率不小于 80% 的主变压器清单
		35kV 配电网站间负荷能力	35kV 线路站间可转移负荷	逐回线路统计是否具备站间负荷转移能力和转移负荷量，列出无法进行站间负荷转移的线路清单
	10kV 配电网供电能力	中压线路最大负载率的平均值	—	所有 10kV 线路最大负载率的平均值
		中压重载线路占比	中压重载线路	逐回线路统计线路最高负载率，列出负载率不小于 80% 的线路清单
		中压主干截面偏小线路占比	主干线偏小导线段	逐回线路统计主干线路的截面，列出截面偏低或不匹配线路清单
		中压重载配变占比	中压重载配变	逐台配变统计配变最高负载率，列出负载率不小于 80% 的配变清单
		高损配变占比	高损配变清单	S8（含 S8）及更早期型号的配电变压器台数之和/配变总台数（%）
		户均配变容量	户均配变容量	逐台配变统计户均配变容量，列出户均配变容量低于相关规定的配变名称
		中压配电网站间负荷能力	中压线路站间可转移负荷	逐回线路统计是否具备站间负荷转移能力和转移负荷量，以变电站为单位，统计可转移负荷量占总负荷的比例，列出可转移负荷比例低于 50% 的变电站清单
		中压线路电缆化率	—	中压公用电缆线路站中压公用线路总长度的比例
		中压架空线路绝缘化率	—	中压公用架空绝缘线路站中压公用架空线路总长度的比例
		老旧设备占比	老旧设备清单	运行达到或超出设计寿命年限的 80%。且状态评价为异常状态或严重状态的配电设备数量占在运配电设备总数量的比例
供电安全	220kV 变电站	变电站主变压器"N−1"通过率	220kV 主变压器"N−1"校验	逐台主变压器校验"N−1"，列出不满足"N−1"的线路清单
		变电站主变压器"N−1−1"通过率	220kV 主变压器"N−1−1"校验	逐台主变压器校验"N−1−1"，列出不满足"N−1"的线路清单
	110kV 配电网	变电站主变压器"N−1"通过率	110kV 主变压器"N−1"校验	逐台主变压器校验"N−1"，列出不满足"N−1"的线路清单
		变电站线路"N−1"通过率	110kV 线路"N−1"校验	逐回线路校验"N−1"，列出不满足"N−1"的线路清单

续表

一级指标	二级指标	三级指标	四级指标	指标说明
供电安全	110kV 配电网	变电站主变压器"$N-1-1$"通过率	110kV 主变压器"$N-1-1$"校验	逐台主变压器校验"$N-1-1$"，列出不满足"$N-1$"的线路清单
		变电站线路"$N-1-1$"通过率	110kV 线路"$N-1-1$"校验	逐回线路校验"$N-1-1$"，列出不满足"$N-1$"的线路清单
	35kV 配电网	变电站主变压器"$N-1$"通过率	35kV 主变压器"$N-1$"校验	逐台主变校验"$N-1$"，列出不满足"$N-1$"的线路清单
		变电站线路"$N-1$"通过率	35kV 线路"$N-1$"校验	逐回线路校验"$N-1$"，列出不满足"$N-1$"的线路清单
		变电站主变压器"$N-1-1$"通过率	35kV 主变压器"$N-1-1$"校验	逐台主变压器校验"$N-1-1$"，列出不满足"$N-1$"的线路清单
		变电站线路"$N-1-1$"通过率	35kV 线路"$N-1-1$"校验	逐回线路校验"$N-1-1$"，列出不满足"$N-1$"的线路清单
	10kV 配电网	中压配电线路$N-1$通过率	10kV 线路"$N-1$"校验	逐回线路校验"$N-1$"，列出不满足"$N-1$"的线路清单
建设资源	电源仓位	110kV 出线仓位利用率	—	逐个 220kV 变电站统计 110kV 出线仓位使用数量，列出仓位使用率大于 90% 的变电站清单
		110kV 出线仓位拼仓率	—	逐个 220kV 变电站统计 110kV 出线仓位拼仓数量，列出仓位拼仓率大于 30% 的变电站清单
		35kV 出线仓位利用率	—	逐个 220kV 变电站统计 35kV 出线仓位使用数量，列出仓位使用率大于 90% 的变电站清单
		35kV 出线仓位拼仓率	—	逐个 220kV 变电站统计 35kV 出线仓位拼仓数量，列出仓位拼仓率大于 30% 的变电站清单
		10kV 出线仓位利用率	—	逐个 110(35)kV 变电站统计 10kV 出线仓位使用数量，列出仓位使用率大于 90% 的变电站清单
		10kV 出线仓位拼仓率	—	逐个 110(35)kV 变电站统计 10kV 出线仓位拼仓数量，列出仓位拼仓率大于 30% 的变电站清单
	电缆通道	通道孔位利用率	—	逐个路段统计通道孔位利用数，列出通道孔位利用率大于 90% 的通道清单
		通道长度利用率	—	逐个路段统计通道利用长度，列出通道长度利用率低于通道孔位利用率 30% 的通道清单
电网效率	110kV 配电网	轻载线路占比	110kV 轻载线路	逐回线路统计线路最高负载率，列出负载率不大于 20% 的线路清单
		轻载主变压器占比	110kV 轻载主变压器	逐台主变压器统计主变最高负载率，列出负载率不大于 20% 的主变清单
	35kV 配电网	轻载线路占比	35kV 轻载线路	逐回线路统计线路最高负载率，列出负载率不大于 20% 的线路清单
		轻载主变压器占比	35kV 轻载主变压器	逐台主变压器统计主变最高负载率，列出负载率不大于 20% 的主变清单
	10kV 配电网	中压轻载线路占比	10kV 轻载线路	逐回线路统计线路最高负载率，列出负载率不大于 20% 的线路清单
		中压轻载配变占比	10kV 轻载主变压器	逐台配变统计主变最高负载率，列出负载率不大于 20% 的主变清单

一般指标：指不仅与配电网规划存在联系，还与配电网设备状态等其他方面有关或与配电网规划关系较弱的指标，其视为配电网评估的可选指标，在具体配电网评估时可根据评估地区的实际情况和评估的需求而定。

表 2-2 通 用 性 关 键 指 标 表

一级指标	二级指标	三级指标	四级指标
供电质量	供电可靠性	用户年平均停电时间（可靠率）	—
		供电可靠率 RS-3	—
		用户年平均停电次数	—
		故障停电时间占比	—
	电压质量	综合电压合格率	—
电网结构	110kV 配电网结构	单线或单变站占比	单线单变的变电站名称
		配电网标准化结构占比	110kV 线路接线模式
		110kV 变电站双电源比例	110kV 变电站电源级别
	35kV 配电网结构	单线或单变站占比	单线单变的变电站名称
		配电网标准化结构占比	35kV 线路接线模式
		35kV 变电站双电源比例	35kV 变电站电源级别
	10kV 配电网结构	中压配电线路联络率	架空线路联络点
			架空线路联络电源
			电缆线路联络点
			电缆线路联络电源
		中压配电线路站间联络率	中压配电线路站间联络
		架空线线路联络点两端线路型号匹配度	架空线线路联络点线路型号匹配的线路清单
		中压线路供电半径的平均值	—
		中压线路供电半径过长占比	中压线路供电半径长度
供电能力	110kV 配电网供电能力	110kV 变电容载比	—
		110kV 线路负载率的平均值	—
		110kV 重载线路占比	110kV 重载线路
		110kV 重载主变压器占比	110kV 重载主变压器
		110kV 线路站间可转移负荷占比	110kV 线路站间可转移负荷
	35kV 配电网供电能力	35kV 变电容载比	—
		35kV 线路负载率的平均值	—
		35kV 重载线路占比	35kV 重载线路
		35kV 重载主变压器占比	35kV 重载主变
		35kV 配电网站间负荷能力	35kV 线路站间可转移负荷
	10kV 配电网供电能力	中压线路最大负载率的平均值	—
		中压重载线路占比	中压重载线路
		中压主干截面偏小线路占比	主干线偏小导线段
		户均配变容量	户均配变容量

一级指标	二级指标	三级指标	四级指标
供电安全	110kV 配电网	变电站主变 "$N-1$" 通过率	110kV 主变 "$N-1$" 校验
		变电站线路 "$N-1$" 通过率	110kV 线路 "$N-1$" 校验
	35kV 配电网	变电站主变 "$N-1$" 通过率	35kV 主变 "$N-1$" 校验
		变电站线路 "$N-1$" 通过率	35kV 线路 "$N-1$" 校验
建设资源	电源仓位	10kV 出线仓位利用率	—

另外，受到现状数据条件、计算条件和分析条件的限制，提出的部分评价指标目前无法实施，因而各评价指标又可分为"近期可实施指标"和"目标实施指标"。

近期可实施指标：在现有数据、计算和分析条件下，已可实施评估的指标。

目标实施指标：目前虽无法实施，但在未来数据、计算和分析条件具备后，即可实施评估的指标。

2.3 现状配电网评估实施

本节以某地区现状 10kV 配电网评估为例，具体介绍配电网评估的实施。

2.3.1 前期准备工作

在配电网评估工作具体开展之前，对于权重指标的选取、评分标准、指标的判据等一些其他的指标进行研究。

2.3.1.1 指标体系的建立

为满足某电网公司配电网评估工作的全面性和针对性，便于审阅和筛选，需要明确评估工作的主要内容和分析重点。结合某供电分公司的需求，对于老旧情况、标准化、完好情况以及设备运行的年限等的相关的指标进行弱化，重点对于配电网供电能力、网架结构进行评估。表 2-3 为某电网公司配电网评估指标体系。

表 2-3　　　　　　　　　　　　　**某电网公司配电网评估指标体系**

中间层	中间层	指标层	序号
供电能力	区域	容载比	1
	变电站	主变 "$N-1$" 合格率	2
		变电站最高负载率合格率	3
		主变压器不平衡度合格率	4
	线路	线路 "$N-1$" 时负荷转移能力（出线开关故障）合格率	5
	电压质量	理论最低电压偏差合格率	6
网架结构	电缆网	K 型站、电缆环网进线电源合格率	7
		变电站环网容量合格率	8
		K 型站总装接容量合格率	9
		K 型站、环网中心站所供环网容量合格率	10
		电缆线路供电半径合格率	11

续表

中间层	中间层	指标层	序号
网架结构	架空网	架空线路分段联络与负载率的匹配合格率	12
		架空混合线总装接容量合格率	13
		架空线分段容量合格率	14
		架空线分段用户数合格率	15
		架空线路供电半径合格率	16
	其他	变电站直供用户容量合格率	17
		K 型站、环网中心站所直供用户容量合格率	18
经济性分析		单位资产电量	19
		单位长度电量	20
		线损率	21

在指标选取时应避免底层重复性，要合理、全面；指标分类需要科学合理，各层指标分类易懂、易用；指标体系的整体应包含配电网的各个方面，鲜明地反映出配电网的特点及特性；其涉及的指标定义简洁明确和公正客观，并能客观全面的评价整个配电网各类设备，通过指标能准确找出配电网中存在的问题。

2.3.1.2　评估判据的确定

指标判据是指标计算结果分析的基础，能初步反映出配电网的详细情况，在指标判据在设置时，要求其来源有据、合理有效，主要从现有国家或地方的导则、准则挖掘其可靠标准，在部分无法明确其具体标准情况下，不能依靠拍脑袋方式来判断，需要给出其合理的理论分析依据。

在对配电网进行评价的过程中，需要确定底层指标数值的合理范围。即当某参数计算值位于这个范围之内（或之外）时，表明从这个角度而言配电网的参数或其表征的系统运行状态基本满足要求；反之则不然。因此需要建立一个"合理范围"的指标评价判据。表 2-4 为某电网公司 10kV 配电网评估指标的判据。

表 2-4　　　　　　　　　某电网公司 10kV 配电网评估指标的判据

中间层	中间层	指标层	判据
供电能力	区域	容载比	1.9～2.1
	变电站	主变"N−1"合格率	1. 站内转移负荷（变电站平均最高负载率）变电站 2 台主变时： 变电站主变平均负载率不大于 50% 变电站 3 台主变时： 变电站主变平均负载率不大于 67%
			2. 站内转移部分、网络转移部分负荷 变电站 2 台主变时：50%不大于变电站主变平均负载率不大于 65%，或变电站 3 台主变时：67%不大于变电站主变平均负载率不大于 87%，且指标计算结果不小于 0
			3. 网络转移全部负荷 变电站 2 台主变时：变电站主变平均负载率不小于 65%，或变电站 3 台主变时：变电站主变平均负载率不小于 87%，且指标计算结果不小于 0

续表

中间层	中间层	指标层	判据
供电能力	变电站	变电站最高负载率合格率	变电站2台主变时：变电站主变平均负载率不大于65%，变电站3台主变时：变电站主变平均负载率不大于87%
		主变不平衡度合格率	（全年最高25日同一变电站不同主变负载率之差的绝对值大于20%的次数）/25×100%＜80%
	线路	线路"N−1"时负荷转移能力合格率	联络线路典型日可转移负荷-线路典型日负荷，计算结果不小于0
	电压质量	理论最低电压偏差合格率	电压偏差为−7%～+7%
网架结构	电缆网	K型站、电缆环网进线电源合格率	电源应分别来自不同变电站或同一变电站的不同母线段
		变电站环网容量合格率	每环供应的配变容量（包括用户）不大于12000kVA
		K型站总装接容量合格率	K型站总装接容量控制在12000kVA以下
		K型站、环网中心站所供环网容量合格率	每环供应的配变容量（包括用户）不大于4000kVA
		电缆线路供电半径合格率	10kV线路：中心城区不大于1.5km城市化不大于2.0km；
	架空网	架空线路分段联络与负载率的匹配合格率	一分段一连接接线，每回线路负载率为50%，每段接配变总容量不大于6400kVA。二分段二连接接线，每回线路负载率为67%。每段接配变总容量不大于4200kVA。三分段三连接接线，每回线路负载率75%，每段配变总容量不大于3200kVA
		架空混合线总装接容量合格率	架空线总装接容量控制在10000kVA以下
		架空线分段容量合格率	架空线每段配变容量（包括用户），≤3200kVA
		架空线分段用户数合格率	架空线分段用户数≤9
		架空线路供电半径合格率	10kV线路：中心城区，≤1.5km，城市化，≤2.0km
	其他	变电站直供用户容量合格率	应满足：3200kVA≤容量＜6300kVA
		K型站、环网中心站直供用户容量合格率	应满足：1250kVA≤容量≤3200kVA
经济性分析		单位资产电量	—
		单位长度电量	—
		线损率	—

2.3.1.3 确定指标计算公式

在明确各项指标的判断标准后，依据指标判据进行分析时，首先需要对单项指标进行计算，明确各项指标的计算内容及其计算公式（见表2-5）。

表 2-5　　　　　　　　　　　　评 价 指 标 计 算 公 式

指标层	指标计算内容	指标计算公式
容载比	容载比	＝地区实际变电总容量/地区年最大负荷
主变"N−1"合格率	主变"N−1"通过分析	站内转移负荷＝变电站典型日负荷/(变电站主变额定容量×功率因数)×100％
		站内转移部分、网络转移部分负荷＝站内可转移负荷＋网络可转移负荷－变电站典型日负荷
		网络转移全部负荷＝网络可转移负荷－故障回路所带全部负荷
变电站最高负载率合格率	变电站最高负载率	＝变电站全年最高电流/变电站额定最大电流×100(最大日)％
主变不平衡度合格率	主变不平衡度	＝(全年最高 25 日同一变电站不同主变负载率之差的绝对值大于 20％的次数)/25×100％
线路"N−1"时负荷转移能力(出线开关故障)合格率	线路"N−1"时负荷转移能力	＝联络线路典型日可转移负荷－线路典型日负荷
理论最低电压偏差合格率	理论最低电压偏差	潮流计算
K 型站、电缆环网进线电源合格率	K 型站、电缆环网进线电源	电气图分析
变电站环网容量合格率	变电站环网容量	＝各环网所供杆变、配变和用户变的容量之和
K 型站总装接容量合格率	K 型站总装接容量	＝K 型站所供杆变、配变和用户变的容量之和
K 型站、环网中心站所供环网容量合格率	K 型站、环网中心站所供环网容量	＝各环网所供杆变、配变和用户变的容量之和
电缆线路供电半径合格率	电缆线路供电半径	＝线路最长路径长度
架空线路分段联络与负载率的匹配合格率	架空线路分段联络与负载率的匹配	分段与联络方式判断
架空混合线总装接容量合格率	架空混合线总装接容量	＝单回架空线所供杆变、配变和用户变的容量之和
架空线分段容量合格率	架空线分段容量	＝架空线各分段实际装接容量
架空线分段用户数合格率	架空线分段用户数	＝架空线各分段实际用户数
架空线路供电半径合格率	架空线路供电半径	＝线路最长路径长度
变电站直供用户容量合格率	变电站直供用户容量	＝变电站直供用户实际装接容量
K 型站、环网中心站所直供用户容量合格率	K 型站、环网中心站所直供用户容量	＝K 型站直供用户实际装接容量
单位资产电量	单位资产电量	＝线路年总供电量/线路总长度资产
单位长度电量	单位长度电量	＝线路年总供电量/线路总长度
线损率	线损率	潮流计算
变电站主变压器容量匹配	变电站主变容量	实际分析
变电站拼仓率	变电站拼仓率	＝拼仓数量/变电站实际仓位总数×100％
环网容载比	环网容载比	＝变电站出的环网所供负荷/环网实际装接容量
线路截面	线路截面	实际分析

在指标计算过程中，部分指标需要首先通过公式计算后结合指标标准加以判断后，得到指标计算结果；部分指标直接采用分析结果作为指标计算结果。

2.3.2 资料收集

2.3.2.1 资料收集内容的确定

资料收集的内容取决于配电网评估的内容，根据上述确定的的评估指标，进而确定这次需收集的资料如下：

（1）网架数据包括：整网资料（评估区地理接线图与电系接线图等）、变电站资料（变电站总数量、各变电站名称、主编容量和站内模拟图等）、10kV 线路资料（各线路名称、单线图、电系图、架空导线长度、电缆线路电缆段名称等）、K 型站资料（各 K 型站名称、电源、站内模拟图等）、杆、配变资料（杆、配变名称、电系编号、所属线路、容量等）、用户变资料（用户变名称、电系编号、所属线路、容量等）。

（2）负荷数据包括：变电站评估当年最大负荷数据、变电站评估当年典型负荷日负荷数据、10kV 线路评估当年最大负荷数据、10kV 线路典型负荷日负荷数据。

2.3.2.2 资料数据来源

网架数据来源于电网公司 PMS 系统，由电网公司工作人员提供，根据调查的实际数据进行适当的修改；

负荷数据以 SCADA 网络实时监控系统数据为主，收集的是年最大负荷和典型负荷两个数据，由电网公司工作人员提供，根据调查的实际数据进行适当的修改，并明确电网公司当年最大负荷时刻数据为各典型区域的典型负荷数据。

2.3.2.3 数据处理

原始数据的处理工作主要针对的 PMS 系统中所取得的网架资料和 SCADA 系统中所取得的负荷资料。建立了变电站、10kV 线路、10kV K 型站（含环网站）、10kV K 型站（含环网站）出线环网等统一的数据整理表格，然后将所网架资料与负荷资料，根据不同设备对象，整理到统一的数据表，为下一步指标的分析计算工作打下基础（见表 2-6～表 2-9）。

表 2-6　　变电站收资表

变电站名称	电压等级（kV）	主变压器号	10V 侧接线模式	主变压器容量（MVA）	10kV 侧主变压器容量（MVA）	主变压器额定最高电流（A）	典型日典型电流（A）	典型日负载率（%）	现状10kV 仓位总数（仓）	现状10kV 仓位使用数（仓）	现状10kV 并仓回路数（仓）	拼仓率（%）	变电站全年最高 25 日电流（A）

表 2-7　　10kV 线路收资表

所属变电站	线路名称	线路类别	线路属性备注	线路限额（A）	受限设备	典型电流（A）	接线模式	最大电流（A）	最大电流时间
配变数量（台）	配变容量（kVA）	杆变数量（台）	杆变容量（kVA）	用户点数量（台）	用户点容量（kVA）	变压器总数（台）	变压器总容量（kVA）	线路最长路径长度（km）	分段开关（台）

出口电缆		主干线路（型号多自行添加）				分支线路（型号多自行添加）			
型号（mm²）	长度（km）	1型号（mm²）	1长度（km）	2型号（mm²）	2长度（km）	1型号（mm²）	1长度（km）	2型号（mm²）	2长度（km）

分段1（分段多自行添加）					分段2（分段多自行添加）				
变压器数量（台）	变压器容量（kVA）	联络线路名称	本线线路型号（mm²）	对端线路型号（mm²）	变压器数量（台）	变压器容量（kVA）	联络线路名称	本线线路型号（mm²）	对端线路型号（mm²）

表 2-8　　　　　　　　**10kV K 型站（含环网站）收资表**

站名称	站类型	母线段	进线名称	变电站名称	配变数量（台）	配变容量（kVA）	杆变数量（台）	杆变容量（kVA）	用户点数量（台）	用户点容量（kVA）	变压器总数（台）	变压器总容量（kVA）

表 2-9　　　　　　　**10kV K 型站（含环网站）出线环网收资表**

站出线名称	出线类别	K型站名称	母线段名	配变数量（台）	配变容量（kVA）	杆变数量（台）	杆变容量（kVA）	用户点数量（台）	用户点容量（kVA）	变压器总数（台）	变压器总容量（kVA）

2.3.3　配电网评价指标的计算评分

评价指标的技术评分一般采用模糊隶属度方法，即将函数分成成本型、效益型和适中型三种，用隶属程度而非绝对的"属于"或"不属于"来描述因素差异的模糊程度，建立隶属度函数即建立一个从论域（被考虑对象的全体）到 [0，1] 上的映射，来反映某对象具有某种模糊性质或属于某个模糊概念的程度，具体的程度值大小即为隶属度函数，曲线如图 2-6 所示。

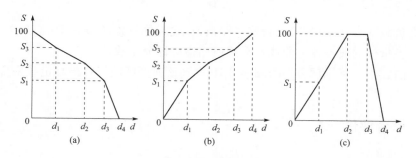

图 2-6　模糊隶属度函数类型
（a）成本型；（b）效益型；（c）适中型

模糊隶属度方法在配电网指标评分应用中，如图 2-5 所示，通过确定不同的典型点，如 $(d_1，S_1)$ $(d_2，S_2)$ $(d_3，S_3)$ 等，就可以得到这一指标的相应得分，其中 X 轴代表一个指标的计算结果，Y轴代表这一指标的相对得分。

就单个指标计算结果而言，大致分为：结果数值越高越满足配电网需求、结果数值越低越满足配电网需求或在结果数值一定区间内满足配电网需求。隶属度函数中的成本型、效益型和适中型三种，正好对应配电网评估中单个指标计算的三种结果：结果数值越高越满足电网需求、结果数值越低越满足配电网需求或在结果数值一定区间内满足配电网需求。

在参与综合评价的指标体系中，除容载比指标均属于适中型函数（结果数值一定区间内满足配电网需求），其他指标均属于效益型函数（结果数值越高越满足配电网需求），针对这一特点，建立了容载比典型点评分标准函数（见表 2-10）和除容载比指标外的通用指标评分标准函数（见表 2-11）。

表 2-10　　　　　　　　　　　　容载比典型点评分标准函数

容载比	≤1.05	1.6	1.9~2.1	>2.1
考虑范围	（主变压器负载率为100%）	（主变压器负载率为65%）	（按导则规定）	市南配电网处于发展中的实际情况
分值	0	80	100	100

表 2-11　　　　　　　　　　　　通用指标评分标准函数

合格率	100	85	70	50	30	0
评分	100	90	70	40	15	0

确定的指标评分标准函数中，借鉴模糊隶属度函数的方法，容载比典型点评分标准函数是建立 4 个关键点的指标百分制评分标准；通用指标评分标准函数是建立 6 个关键点的指标百分制评分标准；当指标结果为 2 个合格率（容载比）中间值时，其得分均取 2 个评分关键点之间的均值。

在具体指标评分计算时需要分为 3 个步骤：①开展指标结果计算；②制定各指标的典型评分函数；③对应函数给出指标评分。

例如某典型区域总线路 100 条，最高负载率合格线路为 70 条，其线路最高负载率合格率指标评分具体过程如下：

（1）指标计算：

线路最高负载率合格率（%）＝合格线路条数/线路总条数×100＝70÷100×100＝70

（2）制定各指标的典型评分曲线：采用通用指标评分函数。

（3）对应曲线给出指标评分：查阅表 2-10 得到该典型区域线路最高负载率合格率指标评分为 70 分。

2.3.4　综合评价

2.3.4.1　权重设置

指标权重能反映同层指标之间的相互重要性关系，需要明确如何将指标体系演变为一个统一的定量结果。

针对电网公司配电网实际情况，在指标体系的基础上，经过多次反复设置权重，先后开展综合评分的计算，在比较其综合评分的结果与预期的效果后，最终确定本次适合电网公司公司配电网评估中综合评价的各项指标权重，如表 2-12 所示。

表 2-12　　　　　　　　　　　　　　　评估区指标权重确定

最高层	中间层	指标层	占比重
供电能力	区域	容载比	10
	变电站	主变压器"N−1"	40
		变电站最高负载率	10
		主变压器不平衡度	10
	线路	线路"N−1"时负荷转移能力（出线开关故障）	15
	电能质量	理论最低电压偏差合格率	15
合计			100
网架结构	电缆网	K 型站、电缆环网进线电源	10
		变电站环网容量	10
		K 型站总装接容量	10
		K 型站、环网中心站所供环网容量	5
		电缆线路供电半径	10
	架空网	架空线路分段联络与负载率的匹配	15
		架空线路总装接容量	10
		架空混合线分段容量	5
		架空线分段用户数	5
		架空线路供电半径	10
	其他	变电站直供用户容量	5
		K 型站、环网中心站直供用户容量	5
合计			100

2.3.4.2　综合评分

为把握 10kV 配电网的整体情况，在确定指标标准评分，给定各指标的权重，将指标得分与各指标权重相乘叠加后得出总评分，即在计算完成各个底层指标的基础上，再逐层向上层指标计算，直至分别计算得出整个 10kV 配电网指标体系中 2 大类指标的综合评分。其计算公式为

$$S = \sum_{j=1}^{n} S_j W_j$$

式中，S 表示层次结构中任一非底层指标的评分；$n(n \geqslant 1)$ 表示指标 S 的下层指标个数；S_j 表示下层指标 $j(1 \leqslant j \leqslant n)$ 的评分；W_j 表示下层指标 j 的权重。通过下层指标评分和权重的加权求和，计算得出本层指标评分（见表 2-13）。

表 2-13　　　　　　　　　　　　　　　评估区综合评分结果

评估地区		供电能力	网架结构
评估区	A 社区	74.1	78.7
	B 社区	97.7	52.8
	A 工业区	88.0	61.7

3 城市规划及配电网供电区域划分

3.1 城市规划简介

我国城市规划编制的完整过程由两个阶段、六个层次组成。

两个阶段：总体规划阶段和详细规划阶段。

六个层次：城市总体规划纲要、城市总体规划（含市域城镇体系规划和中心区域规划）、城市建设规划、分区规划、控制性详细规划和修建性详细规划。

一般城市配电网的依据为城市总体规划和控制性详细规划，其中高压配电网规划对应城市总体规划，中低压配电网规划针对控制性详细规划。

3.1.1 城市总体规划

城市总体规划是指城市人民政府依据国民经济和社会发展规划以及当地的自然环境、资源条件、历史情况、现状特点，统筹兼顾、综合部署，为确定城市的规模和发展方向、实现城市的经济和社会发展目标、合理利用城市土地、协调城市空间布局等所作的一定期限内的综合部署和具体安排。城市总体规划是城市规划编制工作的第一阶段，也是城市建设和管理的依据。

3.1.1.1 任务

根据国家对城市发展和建设方针、经济技术政策、国民经济和社会发展的长远规划，在区域规划和合理组织区城城镇体系的基础上，按城市自身建设条件和现状特点，合理制定城市经济和社会发展目标，确定城市的发展性质、规模和建设标准，安排城市用地的功能分区和各项建设的总体布局，布置城市道路和交通运输系统，选定规划定额指标，制定规划实施步骤和措施。最终使城市工业、居住、交通和游憩四大功能活动相互协调发展。总体规划期限一般为20年。近期建设规划是总体规划的组成部分，是实施总体规划的阶段性规划。

3.1.1.2 具体内容

（1）确定城市性质和发展方向，估算城市人口发展规模，确定有关城市总体规划的各项技术经济指标。

（2）选定城市用地，确定规划范围，划分城市用地功能分区，综合安排工业、对外交通运输、仓库、生活居住、大专院校、科研单位及绿化等用地。

（3）布置城市道路、交通运输系统以及车站、港口、机场等主要交通运输枢纽的位置。

（4）大型公共建筑的规划与布点。

（5）确定城市主要广场位置、交叉口形式、主次干道断面、主要控制点的坐标及标高。

（6）提出给水、排水、防洪、电力、电信、煤气、供热、公共交通等各项工程管线规划，制定城市园林绿化规划。

（7）综合协调人防、抗震和环境保护等方面的规划。

（8）旧城区的改造规划。

（9）综合布置郊区居民点、蔬菜、副食品生产基地，郊区绿化和风景区，以及大中城市有关卫星城镇的发展规划。

（10）近期建设规划范围和主要工程项目的确定，安排近期建设用地和建设步骤。

（11）估算城市近期建设投资。城市总体规划是一项综合性很强的科学工作。既要立足于现实，又要有预见性。随社会经济和科学技术的发展，城市总体规划也须进行不断修改和补充，故又是一项长期性和经常性的工作。

3.1.1.3　城规资料

总体规划中应附有图纸和相应文件：①城市现状图；②城市用地评价图；③城市环境质量评价图；④城市规划总图；⑤城市各项工程系统规划图；⑥城市近期建设规划图；⑦城市郊区规划图；⑧总体规划说明书（包括投资估算）。根据城市的不同规模、性质和特点，规划图纸可以适当合并或增减。图纸一般为 1∶5000 或 1∶10000 的比例尺，城市郊区规划图用较小的比例尺。

3.1.2　城市控制性详细规划

3.1.2.1　基本概念

以城市总体规划或分区规划为依据，确定建设地区的土地使用性质和使用强度的控制指标、道路和工程管线控制性位置以及空间环境控制的规划要求。

根据《城市规划编制办法》第二十二条至第二十四条的规定，根据城市规划的深化和管理的需要，一般应当编制控制性详细规划，以控制建设用地性质，使用强度和空间环境作为城市规划管理的依据，并指导修建性详细规划的编制。

3.1.2.2　规划要求

以城市总体规划或分区规划为依据，确定建设地区的土地使用性质和使用强度的控制指标、道路和工程管线控制性位置以及空间环境控制的规划要求。

3.1.2.3　规划的主要内容

控制性详细规划应当包括下列内容：

（1）详细规定所规划范围内各类不同使用性质用地的界线，规定各类用地内适建、不适建或者有条件地允许建设的建筑类型。

（2）规定各地块建筑高度、建筑密度、容积率、绿地率等控制指标；规定交通出入口方位、停车泊位、建筑后退红线距离、建筑间距等要求。

（3）提出各地块的建筑位置、体型、色彩等要求。

（4）确定各级支路的红线位置、控制点坐标和标高。

（5）根据规划容量，确定工程管线的走向、管径和工程设施的用地界线。

（6）制定相应的土地使用与建筑管理规定。

3.1.2.4　城规资料

控制性详细规划的文件和图纸应当包括：

（1）控制性详细规划文件包括规划文本和附件，规划说明及基础资料收入附件。规划文本中应当包括规划范围内土地使用及建筑管理规定。

（2）控制性详细规划图纸包括：规划地区现状图、控制性详细规划图纸。图纸比例为1/1000～1/2000。

3.2　城市规划及其与配电网规划的关系

我国颁布的城市规划法和城市规划方面的政策法规，对应城市配电网规划设计标准、原则，都界定了城市规划与城市配电网规划之间的关系，各法规、标准、原则均认定城市配电网规划要纳入城市规划发展中，并且提出了城市配电网规划在城市中的重要地位。因此，城市配电网规划必须与城市建设各项发展规划紧密结合，同步实施。

3.2.1　城市规划与配电网规划的协调关系

我国颁布的城市规划法和城市规划方面的政策法规，对应城市配电网规划设计标准、原则，都界定了城市规划与城市配电网规划之间的关系，各法规、标准、原则均认定城市配电网规划要纳入城市规划发展中，并且提出了城市配电网规划在城市中的重要地位。因此，城市配电网规划必须与城市建设各项发展规划紧密结合，同步实施。实现电网规划与城市总体规划的有效衔接有以下措施

3.2.1.1　建立统一的规划体系

规划之间不能有机衔接是当前的共性问题，两个规划不协调将造成电网规划建设布局与城市规划建设布局形成矛盾，所产生的后果是很严重的。任何一个规划都应有自己的体系，从大到小、从上到下、从国家到区域，相互衔接，层次关系清晰。各级各类规划要与相关的规划衔接，下一级规划要与上一级规划衔接，区域规划、专项规划要与总体规划衔接，相关规划之间要相互衔接，同级规划相互协调，城市规划、电网规划也要与经济和社会发展规划相衔接。如针对地市级配电网规划而言，在层次上要考虑与国网、省级电网规划相衔接，在层面上要考虑与电源规划、特高压电网规划以及农网规划相衔接。

城市总体规划是综合性规划，不但要做好与各专项规划的衔接，同时还要考虑与土地利用总体规划的衔接。配电网规划既属专项规划，其电网建设的用地及走廊就应给予保障，但由于规划间存在的不统一性、不准确性和不协调性等问题，往往在具体问题上相互制约、可操作性不强。因此，建立一个统一的空间规划体系，按照从大到小的层次去梳理，将规划的

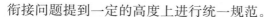

衔接问题提到一定的高度上进行统一规范。

3.2.1.2　建立有效的协调机制

电网企业和政府相关部门要建立统一的规划信息渠道，形成两个规划间的常态沟通机制。电网企业和规划部门应该加强联系沟通，互相探讨，建立两个规划间的长效的协调机制，应共同就规划的指导思想目标、规划的范围、规划的技术方法、规划的周期与编制、规划的实施管理机制等方面作进一步探讨协商，从规划编制、修编、审查等各个方面建立完善的组织体系和协调机制，从变电站站址用地、线路走廊、电网布局等各个方面采取相应的技术手段和管理措施，保证两个规划相互衔接。在编制电网规划时，应充分考虑城市化进程，电网建设应当与城市化进程协调一致。

3.2.1.3　衔接两个规划

配电网规划与城市总体规划的衔接非常必要，关键是要处理好两个规划间的关系。电网规划的目的是在保证可靠性的前提下满足日益增长的电力需求，提高总体社会效益，主要侧重于城市空间内电网的科学合理布局，更多地强调技术和经济层面的合理性。城市总体规划是根据地方社会经济发展的需要所作的一个综合全面规划，更侧重于规划市区的科学合理的布置，更多地强调规划实施的管理与指导。两个规划有着共同的规划对象和规划目标，均涉及城市建设用地控制和空间走廊。因此，两者的衔接首先要落实到规划的编制阶段，在审批和实施的过程中也要衔接。根据实践，主要做法是：

（1）实现规划同步，确保规划编制时间、年限的一致，并同步进行修编与调整；

（2）提高规划可操作性，电网企业与规划设计单位共同开展配电网专项规划和配电设施的布局规划编制，实现城区变电站、配电站和线路精确到地理坐标点、廊道宽度和转角位置，作为配电网建设和市域空间管制的重要依据和内容。

（3）建立统一规划体系，搭建平台，实现信息畅通。

3.2.2　城市规划作为配电网规划的依据

配电网规划一般以城市总体规划、城市控制性详细规划为依据，主要收集以下材料：

（1）经济发展现状及发展规划：国内生产总值及年增长率、三次产业增加值及年增长率、产业结构等，重点行业发展规划及主要规划项目，城乡居民人均可支配收入，行业布局等资料。

（2）土地利用规划：各个地块用地性质、用地面积、容积率等资料。

（3）人口现状及发展规划：人口数及户数、城乡人口结构、城镇化率。

（4）国家重要政策资料（如限制高耗能政策等）及国内外参考地区的上述类似历史资料。

（5）地区气象、水文实况资料等影响季节性负荷需求的相关数据。

（6）其他地区及国家的有关资料：重点行业（部门）的产品（产值）单位电耗、人均GDP、产业结构比例等。

其中土地利用规划是配电网规划原始资料的重点，以某地区为例，需收集土地利用规划图（见图3-1）和土地利用平衡表（表3-1）、地块经济指标表（表3-2）。

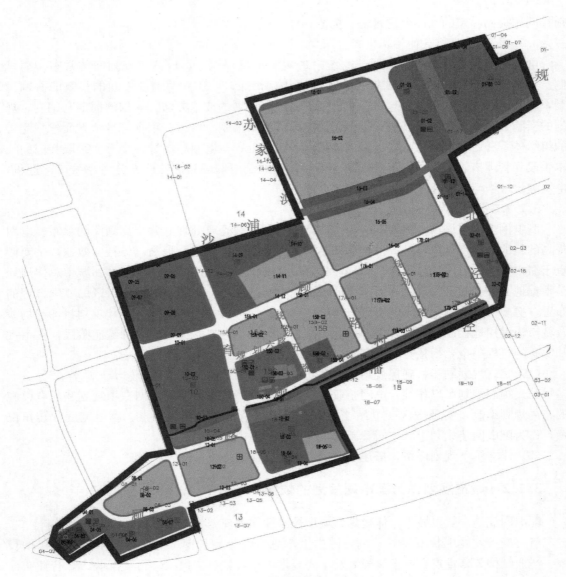

图 3-1 某地区土地利用规划

表 3-1 某地区土地利用平衡表

地块功能	用地面积（ha）	建筑面积（万 m²）
Rr3（三类住宅组团用地）	37.82	62.32
Rc2（社区商业用地）	0.81	1.03
Rc3（社区文化用地）	1.44	1.44
Rc4（社区体育用地）	2.13	0.69
Rc5（社区医疗用地）	0.51	0.41
Rc6（社区福利用地）	1.08	1.29

续表

地块功能	用地面积（ha）	建筑面积（万 m²）
Rs（基础教育设施用地）	17.8	12.65
U12（供电用地）	0.65	—
U3（环境卫生设施用地）	0.27	—
U6（消防设施用地）	0.40	—
G1（公共绿地）	17.39	—
G2（生产防护绿地）	5.29	—
E1（河流）	0.46	—
S1（道路及其他）	23.36	—
合计	109.40	79.83

表 3-2　　　　　　　　　　　　　　某地区地块经济指标表

地块编号	用地面积（m²）	建筑面积（m²）	地块功能	容积率	备注
BSP0-1501-16-02	113180	203724	Rr3（三类住宅组团用地）	1.8	滨水地带高度控制（C）
BSP0-1501-16-01	10098	—	G2（生产防护绿地）	—	—
BSP0-1501-16-03	9599	—	G1（公共绿地）	—	—
BSP0-1502-01-01	8925	4462.5	Rc4（社区体育用地）	0.5	规划体育馆；建议城市设计审查地块
BSP0-1502-01-02	21917	—	G1（公共绿地）	—	社区公园；综合设置公共厕所，建筑面积 80m²，配建道班房，建筑面积 150m²
BSP0-1502-01-03	19432	—	G1（公共绿地）	—	—
BSP0-1502-01-04	2897	—	G2（生产防护绿地）	—	—
BSP0-1502-01-05	44342	26605.2	Rs5（九年一贯制学校）	0.6	规划初级中学；建议城市设计审查地块

3.2.3　配电网规划成果融入城市规划

配电网规划应主动融入政府统一规划，建立城市规划与配电网规划协同机制。以上海市为例，根据上海城市总体规划（见图 3-2），上海将发展成为一座追求卓越的全球城市，一座创新之城、生态之城、人文之城，为对接城市总体规划，实现资源环境紧约束下的睿智发展，更好地融入全球能源互联网时代下的智能配电网建设，以城市总体规划为指导，以地区专项规划和控制性详细规划为依据，贯彻创新、协调、绿色、开放、共享的发展理念，从规划入手，主动融入政府建立统一规划机制，全过程参与及管理区域配电规划工作。

典型区域配电网规划工作流程主要流程图如图 3-3 所示。

图 3-2 上海市城市总体规划（2015—2040）纲要

（1）第一步（启动阶段）：由区域开发主体（或城市规划设计单位）在区域城市规划启动初期向电力公司发送委托函；电力公司发策部向用户复函，建议其向资质单位委托进行电力专项规划。

（2）第二步（项目初期）：业主在收到复函后由业主向具有资质的单位进行委托，市电力公司牵头，由经研院具体负责与设计单位进行对接，供电公司发策部和营销部负责提供原始资料。

（3）第三步（项目中间阶段）：设计单位完成中间成果后与电力公司、经研院讨论沟通，修改完成后与业主进行交流、汇报，汇总各方意见后形成送审稿，提交经研院。

（4）第四步（项目审查阶段）：设计单位在形成送审稿后，由发策部委托经研院组织相关市和区规划部门、专家、业主、电力公司各职能部门对项目进行审查。

（5）第五步（项目结项阶段）：设计单位在收到评审意见后，向市发策部提交最终稿，市发策部参加城市规划部门评审会，落实配电网专项规划成果。

通过配电网专项规划的编制和审查，将上海电网规划纳入上海市国民经济和社会发展总体规划和土地利用规划、控制性详规等专项规划，确保电力走廊、变电站站址、地下管线与城市基础建设同步实施，形成法定保护文件，保障规划落地。此机制彻底解决了配电网规划以往难以落地，仅作为行业内参考资料，无法保证规划的电力资源得到有效的保护的问题。根据此种工作模式，已在上海地区完成近 200 个区域规划，落实了约 600 座高压配电变电站，在控详中对电力通道（架空走廊和排管）也进行了规模控制，对后期电网建设起到了强有力的支撑。

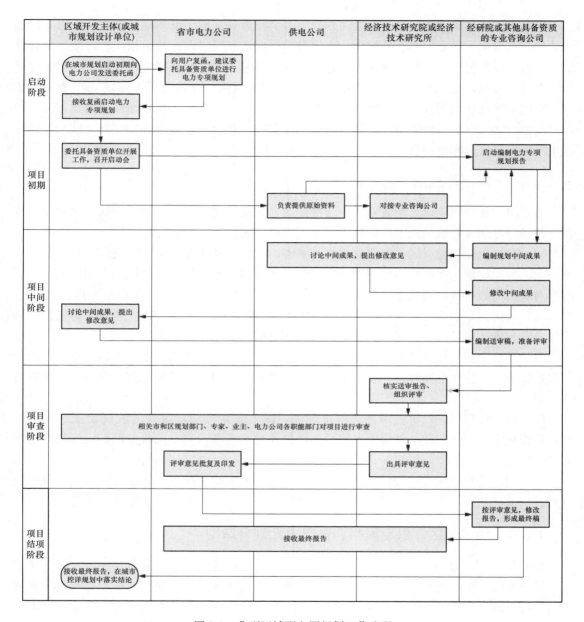

图 3-3　典型区域配电网规划工作流程

3.3　配电网网格化规划及供电区域划分

配电网网格化规划是指与城市总体规划和城市控制性详细规划紧密结合，以地块用电需求为基础，以目标网架为导向，将配电网供电区域划分为若干供电网格，并进一步细化为供电单元，形成"供电区域、供电网格、供电单元"三级网络，分层分级开展的配电网规划。

配电网网格化规划将复杂的配电网划分为多个相对独立的供电网格,实现目标网架规划标准化及差异化、项目库管控精细化,有效发挥规划在配网建设中的引领作用,是加强精益规划、精准投资的重要手段。网格化规划的内容主要包括供电网格(单元)划分、现状电网评估、负荷预测、上级电网边界条件描述、目标网架研究、过渡方案制定、规划成效评估等。当前,网格化规划理念已在国内城市配电网规划中逐步普及,在目标网架构建方面,国外早在 20 世纪 80 年代便提出了空间负荷预测的方法,并应用于电网远景规划,这些为以网格化规划思路构建配电网目标网架提供了理论和实践支撑。

3.3.1 网格化规划的基本原则

(1)网格化规划应以远期规划指导近期规划,并注重远近期、上下级衔接,远期宜为饱和负荷年,近期规划应与配电网近期规划年限保持一致。

(2)网格化规划应以区域性用地规划为基础,与国民经济和社会发展规划、城乡总体规划、土地利用规划、控制性详细规划、修建性详细规划、电力设施布局规划等相协调,保证配电网项目与政府各项规划无缝衔接,实现多规合一,保证配电网项目的顺利实施。

(3)网格化规划应贯彻"标准化""差异化""精益化"要求,通过网格化构建目标网架,分解和优选项目,实现配电网精准投资和项目精益管理。

(4)网格化规划应坚持各级电网协调发展原则,注重上下级电网之间协调,注重一次与二次系统协调,注重电网规模、装备水平和管理组织的协调,注重配电网可靠性和效率效益的协调。

(5)网格化规划应以供电单元为单位开展,深入研究各功能区块的发展定位和用电需求,分析配电网存在问题,制定配电网目标网架和过渡方案,实现现状电网到目标网架的顺利过渡。

(6)网格化规划内容应按负荷的实际变动和规划的实施情况逐年滚动修正。当上级电网规划、用地规划或经济社会发展规划有重大调整时,应对网格化规划进行重新修编。

3.3.2 供电分区、供电网格、供电单元划分原则

3.3.2.1 总体原则

供电分区、供电网格、供电单元划分主要考虑供电区域相对独立性、网架完整性、管理便利性等需求,按照目标网架清晰、电网规模适度、管理责任明确的原则,构建"供电分区、供电网格、供电单元"三级网格划分体系。

供电分区、供电网格、供电单元划分以饱和负荷预测结果为依据,并充分考虑现状电网改造难度、道路河流等因素,划分应相对稳定,具有一定的近远期适应性。供电分区、供电网格、供电单元划分应保证分区、网格、单元之间不重不漏。供电分区、供电网格、供电单元划分应兼顾规划、设计、运行、检修、客户服务等全过程业务的管理需要。供电分区、供电网格、供电单元三级对应不同电网规划层级,各层级间相互衔接、上下配合:

(1)供电分区:在负荷量级上达到高压配电网主供电源点级别,重点对应变电站电力平衡,主要开展高压网络规划。

(2)供电网格:在负荷量级上对应中压目标网架级别,重点从全局最优角度确定区域饱

和年中压目标网架。

（3）供电单元：在负荷量级上对应中压目标接线组级别，重点衔接供电网格目标网架，确定近期建设改造方案。

3.3.2.2 供电分区划分原则

原则上按行政区城市总体规划中功能分区边界划分供电分区。电分区应由若干供电网格组成，供电分区内宜包含远景 2～4 座 220kV 变电站（推荐 3 座 220kV 变电站），原则上不应大于 5 座 220kV 变电站。

3.3.2.3 供电网格划分原则

原则上按负荷实测功能块或基本功能块划分供电网格，供电网格边界以城市控制性详细规划边界为准。供电网格应由若干供电单元组成，供电网格内宜包含远景 2～4 座 110(35)kV 变电站［推荐 3 座 110(35)kV 变电站］，原则上不应大于 6 座 110(35)kV 变电站。如面积过大或变电站数量较多时，可按城市控制性详细规划中功能分区进一步细分；如变电站数量较少时，可将多个功能块合并组成供电网格。如城市控制性详细规划边界与功能块或基本功能块边界不符时，可采用城市控制性详细规划边界调整供电网格边界。城市规划中战略留白地区可独立划分供电网格（暂不考虑变电站规模和用电面积规模）。以上海市为例，原则上供电网格划分不应跨越行政区边界、供电公司管辖边界和上海市内、中、外、郊环线，上述边界周边地区划分的供电网格内变电站规模和用电面积规模可不做要求。

3.3.2.4 供电单元划分原则

供电单元一般由若干个相邻的、开发程度相近、供电可靠性要求基本一致的地块（或用户区块）组成。供电单元以远景 10kV 目标网架为依据，宜包含 2～5 组 10kV 线路（推荐 4 组 10kV 线路，1 组线路指由 4 回线路组成的双环网接线、2 回线路组成的单环网接线或 1 回多分段多联络架空线路），原则上不应大于 6 组 10kV 线路。

3.3.2.5 供电分区、供电网格、供电单元命名及编码

（1）命名原则。每个供电分区、供电网格、供电单元应具有唯一的命名。供电分区宜按省市-行政区-城市规划分区名称命名，例如上海市青浦区青东片区。供电网格按省市-行政区-乡镇或街道-城市控制性详细规划名称或地标性建筑名称命名，如上海市青浦区徐泾镇西虹桥网格。供电单元名称建立在供电网格名称基础上，增加供电单元序号，供电单元序号按供电单元在供电网格位置，从左至右、从上至下进行编码，如上海市青浦区徐泾镇西虹桥网格 001 单元。

（2）编码原则。每个供电网格、供电单元应在唯一命名基础上形成唯一的命名编码。供电网格命名编码形式应为：省市编码-行政区编码-乡镇、街道编码-城市控制性详细规划名称或地标性建筑名称编码。

省市编码-行政区编码参照公司 SAP 系统中的编码，如上海市编码为 SH、青浦区编码为 QP。乡镇或街道编码、城市控制性详细规划名称或地标性建筑名称编码使用中文拼音的 2～3 位大写英文缩写字母，如徐泾镇西虹桥网格编码为 XJ-XHQ。供电单元命名编码形式为：供电网格编码-供电单元序号-供电单元属性（目标网架接线代码/供电区域类别＋区域发展属性代码）。供电单元属性包含目标网架接线类型、供电区域类别、区域发展属性三种信息。目标网架接线类型代码如表 3-3 所示。

表 3-3 目标网架接线类型代码表

接线模式	接线模式代码
架空多分段单联络	J1
架空多分段两联络	J2
架空多分段三联络	J3
架空多分段三联络以上	J4
电缆单环网	D1
电缆双环网	D2

供电区域类别分为 A+、A、B、C 四类。按照区域发展属性程度分为规划建成区、规划建设区、自然增长区三类，分别用数字 1、2、3 代码表示。

1）规划建成区：指该规划区域已经建成并发展成熟，区域内电力负荷已经达到或即将达到饱和负荷。

2）规划建设区：指规划区域正在进行开发建设，区域内电力负荷增长较为迅速，一般具有城市控制性详规。

3）自然发展区：指发展前景不明确，尚无城市规划，且该区域电力负荷也没有快速增长的迹象。

如上海市青浦区徐泾镇西虹桥网格 001 单元（A+类供电区），SH-QP-XJ-XHQ-001-D2／A+2。

（3）供电网格、供电单元编码释义如图 3-4 所示。

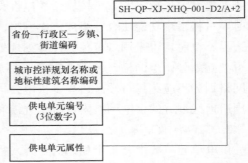

图 3-4 供电网格、供电单元编号释义图

3.4 配电网供电区域类型定位

3.4.1 供电区域类型作用

（1）适应差异化发展需要：通过供电区域划分，将配电网按标准分类分区，充分体现了不同地区的差异性和电网发展特点，只有在此基础上开展配电网规划，才能确保规划方案科学、合理、经济。

（2）统一技术原则和建设标准：根据供电区域划分结果，细化适用于不同供电区域的配电网技术原则，制定标准化建设模块，确保相同类型供电区域的建设标准相同。

供电区域划分应遵循如下原则：依据规划水平年的负荷密度；满足用户的供电可靠性需求；应与行政区划相协调；考虑现状电网条件的适应性；应实现各级电网协调发展；满足电网运行管理要求；做到不遗漏、不交叉重叠。

3.4.2 供电区域划分

DL／T 5729—2016《配电网规划技术导则》，在综合参考规划区域行政级别、规划水平年的负荷密度、负荷重要性等因素的基础上，将供电区域划分为 A+、A、B、C、D、E 共 6

类，其划分标准见表3-4。

通常，A+、A、B类供电区主要对应市辖供电区，一般是指直辖市和地级市以"区"建制命名的地区，但不包括已纳入县级供电区的地区；C、D、E类供电区主要对应县级供电区，主要是指县级行政区（含县级市、旗等），此外还包括直辖市的远郊区中除区政府所在地、经济开发区和工业园区以外的地区，以及地级市中尚存在乡（镇）、村的远郊区。

表 3-4 供电区域划分标准表

供电区域		A+	A	B	C	D	E
行政级别	直辖市	市中心区 或 $\sigma \geq 30$	市区 或 $15 \leq \sigma < 30$	市区 或 $6 \leq \sigma < 15$	城镇 或 $1 \leq \sigma < 6$	农村 或 $0.1 \leq \sigma < 1$	—
	省会城市、计划单列市	$\sigma \geq 30$	市中心区 或 $15 \leq \sigma < 30$	市区 或 $6 \leq \sigma < 15$	城镇 或 $1 \leq \sigma < 6$	农村 或 $0.1 \leq \sigma < 1$	—
	地级市（自治州、盟）	—	$\sigma \geq 15$	市中心区 或 $6 \leq \sigma < 15$	市区、城镇 或 $1 \leq \sigma < 6$	农村 或 $0.1 \leq \sigma < 1$	农牧区
	县（县级市、旗）	—	—	$\sigma \geq 6$	城镇 或 $1 \leq \sigma < 6$	农村 或 $0.1 \leq \sigma < 1$	农牧区

注 σ 为供电区域规划水平年的负荷密度（MW/km^2）。

近年来，随着发达地区经济社会发展对供电可靠性需求的不断提升，在配电网规划实际工作中，负荷密度和负荷重要性的参考权重提升，区域行政级别的参考权重有所下降。供电区域划分时应注意：

（1）应遵循差异化原则，各类供电区域面积能够体现地区整体社会经济发展水平。A+、A类供电区域面积应严格限制；B、C类供电区域可根据实际情况选取；一般的农村可划分为D类供电区域；农牧区可划分为E类供电区域。

（2）要考虑到电网规划建设的可操作性，区域面积不宜太小。各类供电区域如果面积太小，则无法形成相对独立的网络，不便于统筹考虑变电站规划布点。根据测算，各类供电区域面积一般不应小于5km^2。

（3）供电区域划分过程中计算负荷密度时，应扣除35kV及以上专线负荷，以及高山、戈壁、荒漠、水域、森林等无效供电面积。

（4）供电区域划分尽量与行政区划和变电站供电范围保持衔接，便于基础数据统计。

4 配电网负荷预测

4.1 配电网负荷预测的内容及要求

4.1.1 工作内容

配电网负荷预测是准确掌握配电网建设改造需求的基础性工作，是配电网规划设计流程中的重要环节，是设定规划目标值和制定规划设计方案的主要依据。配电网负荷预测是全社会负荷预测的重要组成部分，配电网负荷预测应以全社会负荷预测结果为边界条件，并支撑全社会负荷预测。全社会负荷预测通过分析国民经济社会发展中的各种相关因素与电力需求之间的关系，运用一定的理论和方法，探求其变化规律，对负荷的总量、分类量、空间分布和时间特性等方面进行预测，按照预测时间长短可分为近、中、远期。配电网负荷预测是在全社会负荷预测基础上，进一步预测各电压等级的网供负荷，以确定各电压等级配电网在规划期内需新增的变（配）电容量需求。通过空间负荷预测，确定远景年的饱和负荷值及其空间位置分布，为配电网的变（配）电站布点和线路走向布局提供依据，通过电力用户的最大负荷预测，确定向用户供电的电压等级，为用户供电方案制定和电气设备选型提供依据。

4.1.1.1 预测期限

预测的期限一般应与配电网规划设计的期限保持一致，近期（5年）的预测要列出逐年预测结果，为变配电设备建设改造提供依据；中远期（10~15年）预测一般侧重饱和负荷预测，为高压变电站站址和高、中压线路通道等配电网设施布局规划提供参考，并为阶段性的网络规划方案提供依据。

4.1.1.2 预测内容

负荷预测的主要内容应包括：

（1）全社会用电量和最大负荷。预测规划期内某一区域内的全社会用电量和全社会最大负荷。预测对象通常为一个县、一个市或一个省，预测结果为全系统的负荷值，不区分电压等级，应与输电网规划、电源规划等预测结果保持衔接。预测结果主要用于判断该地区全社会用电量和最大负荷的宏观走势，以及确定配电网各电压等级的网供最大负荷。

（2）各电压等级网供最大负荷。在全社会最大负荷的基础上，预测由各电压等级配电网公共变压器供给的最大负荷，称为网供负荷预测。预测结果包括110(66)kV网供最大负荷、35kV网供最大负荷和10kV网供最大负荷，各电压等级网供负荷一般通过扣除上一电压等级直供负荷、本电压等级专线负荷以及下一电压等级的发电出力得到。网供负荷的预测结果主要用于确定该电压等级配电网在规划期内需新增的变压器容量需求。

（3）配电网负荷的空间位置分布。配电网负荷的空间位置分布是确定变电站布点位置和线路出线的重要依据，应采用空间负荷预测方法预测，一般需结合用地规划、地块性质、建筑面积、建筑物构成等信息将规划区域划分为若干个区块，对每个区块预测其规划目标年的最大负荷和远景年的饱和负荷值。

4.1.2 工作深度要求

配电网负荷变化受到经济、气候、环境等多种因素的影响，预测中根据历史数据推测未来数据往往具有一定的不确定性和条件性，因此配电网负荷预测一般应采用多种方法进行，宜以2~3种方法为主，并采用其他方法校验。预测结果应根据外部边界条件制订出高、中、低不同预测方案，提出推荐方案。开展负荷预测时应注意：

（1）既要做近期预测，也要做中远期预测。近期的预测要给出规划期逐年的预测结果，用以论证工程项目的必要性，确定配电网的建设规模和建设进度。中远期预测用于掌握配电网负荷的发展趋势，确定配电网目标网架，为站址、通道等设施布局提供指导。

（2）既要做电量预测，也要作电力预测。电量预测是电力预测的基础。由于最大负荷受需求侧管理、拉闸限电等外部因素影响，规律性较差，因此通常是根据历史年的用电量水平，采用合适的方法预测规划期内逐年的用电量，再根据最大负荷利用小时数法，确定各年的最大负荷。

（3）既要做总量预测，也要做空间预测。配电网全社会最大负荷及分电压等级网供负荷用于分析配电网负荷的发展形势，指导规划期内配电网变压器新增容量需求计算。同时，还应通过空间负荷预测确定负荷增长点所在的地理位置，细化负荷分布，为明确新增变电站的布局提供依据。

（4）既要作全地区的负荷预测，也要作分区块的负荷预测。配电网负荷预测应包括县、市、省等行政管理范围为对象的全地区预测，也应包括居民住宅区、工商业区、新开发区等较小区块的预测。分区块的预测结果应能够与全地区的预测结果相互校验，一省或一市的预测结果应能够根据该省或该市下级行政区划的预测结果推导得出。

4.1.3 工作流程

配电网负荷预测工作可参照图4-1所示基本程序开展。

（1）工作目标确认：负荷预测工作首先要确定本次负荷预测工作目标。

（2）资料收集：资料收集工作包括资料选择、收集和整理分析，资料收集情况决定了预测的适用方法和预测的结果质量。

（3）方法选取和工作开展：根据确认的负荷预测目标与收集的资料，选取适当的负荷预测方法，不同的负荷预测工作应选用相应的预测方法。对于每项预测内容，预测方法应至少选取两种常规预测方法和两种数学模型法，并对多种预测方法所得的预测结果进行校核。

（4）结果确定：负荷预测结果可通过电力供需平衡法、专家预测法或综合加权法等进行确定。负荷预测结果一般应给出高、中、低或高、低方案，并结合预测范围的实际情况确定推荐方案，最后完成负荷预测空间分布，以及近期负荷预测结果。

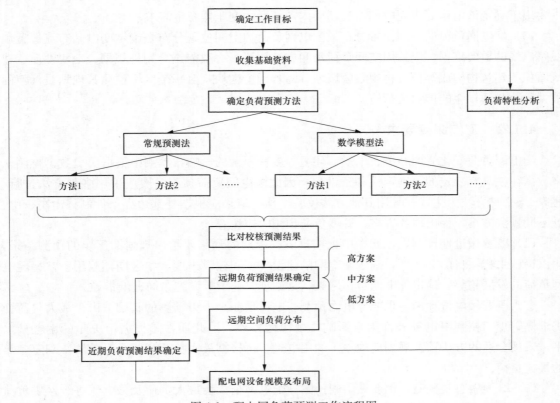

图 4-1　配电网负荷预测工作流程图

（5）空间负荷预测的配电网设备映射：根据负荷预测结果的空间分布，为实现地区供电需求，预估地区配电网设备具体规模。

4.2　现状统计及负荷特性分析

4.2.1　负荷特性指标分析的内容和意义

负荷特性指标是配电网对电力负荷曲线的描述，它可以反映配电网生产运行等方面的诸多特征，也可以反映配电网负荷所呈现出来的数量特征及其变化规律。随着地区经济发展，用电器数量和容量不断增加，成分的变化使得不同用地性质的区域电网呈现出更加多元化、个性化的负荷特性。

分析电力负荷曲线的变动规律即各类用电负荷的特性，可以提高配电网供电的安全性和可靠性。通过对负荷特性指标数据的进一步研究还可以挖掘电网负荷的内在规律，可以优化电网投资结构，提高经济效益和社会效益，给负荷预测和规划提供相应的参考依据。

4.2.2　负荷特性指标

（1）负荷值：

1）日最大负荷：典型日中记录的负荷中，数值最大的一个。

2）日平均负荷：日电量除以 24。

（2）负荷率：

1）日负荷率：日平均负荷与日最大负荷的比值。

2）日最小负荷率：一般取月最大负荷日的最小负荷与最大负荷的比值。

3）年平均日负荷率：一年内 12 个月各月最大负荷日的平均负荷之和与各月最大负荷之和的比值。

4）年平均日最小负荷率：一年内 12 个月各月最大负荷日的最小负荷之和与各月最大负荷日之和的比值。

5）年负荷率：年平均负荷与年最大负荷的比值。

（3）相关系数：

1）月不均衡系数：指月的平均负荷与该月内最大负荷日平均负荷的比值。

2）最大负荷利用小时数：年用电量与年最大负荷的比值。

（4）峰谷差：

1）日峰谷差：日最大负荷与最小负荷之差。

2）日峰谷差率：日最大负荷与最小负荷之差与日最大负荷的比值。

3）年最大峰谷差：一年中日峰谷差的最大值。

4）年平均峰谷差：一年中峰谷差的平均值。

5）年平均峰谷差率：一年中峰谷差率的平均值。

（5）负荷曲线：

1）（典型）日负荷曲线：（典型日）按一天中逐小时负荷变化绘制的曲线。

2）年负荷曲线：按一年中逐月最大负荷绘制的曲线。

3）年持续负荷曲线：按一年中系统负荷的数值大小及其持续小时数顺序绘制的曲线。

4.2.3　负荷特性指标分析的方法

负荷特性指标分析方法是科学认识电力负荷特性、把握负荷特性与其影响因素的关系、进行电力负荷特性高精度的预测及探索负荷特性内在变化规律与发展趋势的重要工具，对电力市场安全经济地稳定运行、科学地制定电力系统规划、提高电力系统的经济与社会效益等具有直接的现实指导意义。常见的负荷特性指标分析方法包括：

（1）负荷曲线法。负荷曲线是一个地区负荷信息最直观的体现，负荷曲线法是最先兴起的负荷特性分析方法，而负荷特性指标是对负荷曲线的进一步描述，包括比较类指标、描述类指标与曲线类指标。

（2）专家经验法、相关性分析法。这是比较传统的负荷特性分析方法，主要依靠专家们的实践经验或是通过简单的负荷特性指标数据之间相关性分析确定负荷特性曲线的大致走向，包括分析负荷特性曲线受时间、气候与经济等因素的大致影响趋势及负荷特性指标受外在因素的影响。此类方法的准确性相对较低。

（3）回归分析法、时间序列法、主成分分析法、因子分析法、灰色模型法等。此类方法都是通过利用已有的负荷样本数据，构建相应的分析模型，原理比较简单，运算速度快，且准确性相对来说较高，但它不适宜于存在诸如气象等偶然性较大且波动性较强因素时的统计分析，统计分析时因数据扰动引起的干扰较为明显。

（4）人工神经网络、模糊预测法等人工智能分析方法。此类方法是近些年新兴的负荷特性分析方法。这些方法与相关、回归等分析方法相比，在计算、记忆、复杂映射、智能处理等方面更具有优势，在处理气象等不确定因素时比传统方法更加准确，对随机扰动处理较为合理，让负荷特性分析更加准确，同时也对提高负荷预测的准确性构筑了良好的基础。

4.3 负荷预测方法

综合国内外对电力系统中长期负荷预测方面的研究，采用的预测方法及达到的预测精度各有不同，主要有经典预测方法、传统预测方法、智能预测方法三大类。

4.3.1 经典预测方法

经典预测方法通常是依靠专家的经验或一些简单变量之间的相互关系对未来负荷值做出一个方向性的结论，主要有单耗法、电力弹性系数法、负荷密度法、分类负荷预测法和人均电量法等。

1. 单耗法

这个方法是根据预测期的产品产量（或产值）和用电单耗计算需要的用电量，即

$$A_h = \sum_{i=1}^{n} Q_i U_i$$

式中　A_h——某行业预测期的用电量；

　　　U_i——各种产品（产值）用电单耗；

　　　Q_i——各种产品产量（或产值）。

当分别算出各行业的需用电量之后，把它们相加，就可以得到全部行业的需用电量。这个方法适用于工业比重大的系统。对于中近期负荷预测（中期负荷预测的前 5 年），用户已有生产或建设计划，根据我国的多年经验，用单耗法是有效的。

在已知某规划年的需电量后，可用年最大负荷利用小时数来预测年最大负荷，即

$$P_{n \cdot max} = \frac{A_n}{T_{max}}$$

式中　$P_{n \cdot max}$——年最大负荷，MW；

　　　A_n——年需用电量，kW·h；

　　　T_{max}——年最大负荷利用小时数，h。

各电力系统的年最大负荷利用小时数，可根据历史统计资料及今后用电结构变化情况分析确定。

单耗法分产品单耗法和产值单耗法。采用单耗法预测负荷的关键是确定适当的产品单耗或产值单耗。

单耗法可用于计算工业用户的负荷预测。单耗法可根据第一、第二、第三产业单位用电量创造的经济价值，从预测经济指标推算用电需求量，加上居民生活用电量，构成全社会用电量。预测时，通过对过去的单位产值耗电量（以下简称单耗）进行统计分析，并结合产业

结构调整，找出一定的规律，预测规划第一、第二、第三产业的综合单耗，然后根据国民经济和社会发展规划指标，按单耗进行预测。单耗法需要做大量细致的统计、分析工作，近期预测效果较佳。

单耗法的优点是方法简单，对短期负荷预测效果较好。缺点是需做大量细致的调研工作，比较笼统，很难反映现代经济、政治、气候等条件的影响。

2. 电力弹性系数法

电力弹性系数 k_t 是指年用电量（或年最大负荷）的年平均增长率 k_{zch}（%）与（%）国内生产总值（GDP）年平均增长率 k_{gzch}（%）的比值，即

$$k_t = \frac{k_{zch}}{k_{gzch}}$$

电力弹性系数是一个宏观指标，可用作远期规划粗线条的负荷预测。

采用这个方法首先要掌握今后国内生产总值的年平均增长速度，然后根据过去各阶段的电力弹性系数值，分析其变化趋势，选用适当的电力弹性系数（一般大于1）。由于电力弹性系数与各省、各地区的国民经济结构及发展有关，各省及地区需对本省、本地区的电力弹性系数资料进行统计分析，找出适合于本省、本地区的电力弹性系数发展趋势。

有了弹性系数及国内生产总值的年平均增长率，就可以计算规划年份所需用的电量，即

$$A_m = A_0(1 + k_t k_{gzch})^n$$

式中　　A_m——预测期末的需用电量（或年最大负荷）；

　　　　A_0——预测期初的需用电量（或年最大负荷）；

　　　　k_t——电力弹性系数；

　　　k_{gzch}——国内生产总值的年平均增长率；

　　　　n——计算期的年数。

电力弹性系数，一般是指以电量为基础来计算的，即用发电量或用电量的发展速度（增长率）除以国民经济增长速度得出的。国民经济增长速度过去常采用工农业总产值或国民收入的增长速度来计算，之后为了与国际接轨，采用国民生产总值的增长速度来计算，近年来又采用国民生产总值的增长速度来计算。

电力弹性系数的数值大小及其变化隐含了许多相对数量关系，对应了许多不同的电力及经济发展状况。相同的电力弹性系数，有可能对应了完全不同的电力及经济发展状况。因此，分析电力弹性系数，重点应分析电力及经济增长速度的内在相关性，通过电力弹性系数本身的数值变化来分析经济发展中的优势及隐形问题，通过宏观调控、政策引导，达到经济可持续发展的目标。

弹性系数法是从宏观上确定电力发展同国民经济发展的相对速度，是衡量国民经济发展和用电需求的重要参数。在市场经济条件下，电力弹性系数已经变得捉摸不定，并且随着科学技术的迅猛发展，节能降耗政策、节电技术和电力需求侧管理、新经济（如和识经济、信息经济）的不断产生和发展，以电能替代其他非电能源的范围不断扩大，电力与经济的关系急剧变化，电力需求与经济发展的变化步伐严重失调，使弹性系数难以捉摸，使用弹性系数法预测电力需求难以得到满意的效果，应逐步淡化。该方法的优点是方法简单、易于计算，缺点是需做大量细致的调研工作，需要经济发展预测准确，人为主观影响过大。

3. 负荷密度法

所谓负荷密度是指单位面积的用电负荷数（kW/km²）。

城市平均负荷密度是一个反映城市和人民生活水平的综合指数。负荷密度法根据对不同规模城市的调查，参照城市发展规划、人口规划、居民收入水平增长情况等，用每平方千米面积用电负荷，来测算城镇负荷水平。

由于城市的经济和电力负荷常有随同某种因素而不连续（跳跃式）发展的特点，因此应用负荷密度法是一种比较直观的方法。

按规划的各地块各类建筑面积计算负荷的计算公式是

$$P = M \times V$$

式中　M——建筑面积；

　　　V——单位建筑面积负荷取值；

　　　P——最大负荷。

$$M = S \times R \times D$$

式中　S——占地面积；

　　　R——容积率，即一定地块内，总建筑面积与建筑用地面积的比例；

　　　D——建筑密度，即一定地块内所有建筑物的基底总面积与占用地面积的比例。

这种方法的关键是单位建筑面积负荷取值，其指标是根据不同性质建筑的用电负荷特点进行分类取值，该指标为规划区内同一类建筑用电归算至 10kV 电源侧的用电指标，而非某一建筑单体的单位建筑面积负荷指标。在计算总计算负荷时，应首先计算各地块内各类建筑用电负荷，该负荷值需考虑各类型建筑用电的需用系数，然后将各地块负荷相加，并考虑总同时系数，总同时系数取值宜为 0.7～0.9。在负荷指标选取时，应根据建筑类别、规模、功能和等级等因素综合考虑，在特殊情况下，如超高层建筑、大型高科技工业厂房、研发设施和大型空调仓储建筑等，以及上述指标中未包括的建筑类型，应根据具体项目情况确定具体指标。

单位建筑面积负荷指标的选取，既要考虑当前的经济发展水平，又要适应远期负荷增长的用电需要。在采用单位建筑面积用电负荷指标时，应明确所用指标值的含义，并应考虑各级同时系数。

按《城市电力规划规范》及其他参考文献，规划单位建筑面积负荷指标（W/m²）见表 4-1。

表 4-1　　　　　　　　　　分类建筑综合用电指标表　　　　　　　　　　W/m²

用地分类	建筑分类	用电指标			需用系数	备注
		低	中	高		
居住用地 R	一类：高级住宅、别墅	60	70	80	0.35～0.5	装设全空调、电热、电灶等家电，家庭全电气化
	二类：中级住宅	50	60	70		客厅、卧室均装空调，家电较多，家庭基本电气化
	三类：普通住宅	30	40	50		部分房间有空调，有主要家电的一般家庭

用地分类	建筑分类	用电指标			需用系数	备注
		低	中	高		
公共设施用地 C	行政、办公	50	65	80	0.7~0.8	党政、企事业机关办公楼和一般写字楼
	商业、金融、服务业	60~70	80~100	120~150	0.8~0.9	商业、金融业、服务业、旅馆业、高级市场、高级写字楼
	文化、娱乐	50	70	100	0.7~0.8	新闻、出版、文艺、影剧院、广播、电视楼、书展、娱乐设施等
	体育	30	50	80	0.6~0.7	体育场、馆和体育训练基地
	医疗卫生	50	65	80	0.5~0.65	医疗、卫生、保健、康复中心、急救中心、防疫站等
	科教	45	65	80	0.8~0.9	高校、中专、技校、科研机构、科技园、勘测设计机构
	文物古迹	20	30	40	0.6~0.7	
	其他公共建筑	10	20	30	0.6~0.7	宗教活动场所和社会福利院等
工业用地 M	一类工业	30	40	50	0.3~0.4	无干扰、无污染的高科技工业如电子、制衣和工艺制品等
	二类工业	40	50	60	0.3~0.45	有一定干扰和污染的工业如食品、医药、纺织及标准厂房等
	三类工业	50	60	70	0.35~0.5	机械、电器、冶金等及其他中型、重型工业
仓储用地 W	普通仓储	5	8	10		
	危险品仓储	5	8	12		
	堆场	1.5	2	2.5		
对外交通用地 T	铁路、公路站房	25	35	50	0.7~0.8	
	港口 10万~50万t (kW)	100	300			
	港口 50万~100万t (kW)	500	1500			
	港口 100万~500万t (kW)	2000	3500			
	机场、航站	40	60	80	0.8~0.9	
道路广场 S	道路（kW/km²）	10	15	20		kW/km² 为开发区、新区按用地面积计算的负荷密度
	广场（kW/km²）	50	100	150		
	公共停车场（kW/km²）	30	50	80		
市政设施 U	水、电、燃气、供热设施、公交设施电信、邮政设施环卫、消防及其他设施	(kW/km²) 800 (30)	(kW/km²) 1500 (45)	(kW/km²) 2000 (60)	(0.6~0.7)	同上。但括号内的数据仍按建筑面积计算

注 1. 除 S、U 类按用地面积计，其余均按建筑面积计，且计入了空调用电。无空调用电可扣减 40%~50%。
    2. 计算负荷时，应分类计入需用系数和计入总同时系数。
    3. 住宅也可按户计算，普通 3~4kW/户、中级 5~6kW/户、高级别墅 7~10kW/户。

4. 分类负荷预测法

分类负荷预测法一般将负荷划分为工业用电、农业用电、生活用电和其他用电四大类，将各类负荷分别进行预测，然后相加后乘同时系数得到。

分类负荷预测的优点在于：在某一类负荷中，其增长趋势的不正常情况有可能被发现，并且由于各类负荷都得预测，因此总的负荷结果是比较明确的，缺点是统计信息的搜集工作较大较复杂。

5. 人均电量法

人均电量是考察一个国家、一个城市经济发达程度的一个重要参数。

按《城市电力规划规范》，规划人均综合用电量指标如表 4-2 所示。

表 4-2　　城市规划人均综合用电量表

指标分级	城市用电水平分类	人均综合用电量［kWh/(人·a)］	
		现状	规划
Ⅰ	用电水平较高城市	3500～2501	8000～6001
Ⅱ	用电水平中上城市	2500～1501	6000～4001
Ⅲ	用电水平中等城市	1500～701	4000～2501
Ⅳ	用电水平较低城市	700～250	2500～1000

4.3.2　传统预测方法

传统预测方法包括增长曲线方法、回归分析法及时间序列分析法。其中回归分析法和时间序列法基本上都是属于概率统计的方法。

1. 增长曲线方法

增长曲线（又称为生长曲线）方法是对事物的生长、发展过程的定量描述模型。按照地区负荷变化的不同，可以选择不同的增长曲线，如指数增长曲线、修正指数增长曲线、逻辑增长曲线、龚玻兹增长曲线等。

2. 回归分析法

回归分析法是利用数理统计原理，对大量的统计数据进行数学处理，并确定用电量或用电负荷与某些自变量例如人口、国民经济产值等之间的相关关系，建立一个相关性较好的数学模式即回归方程，并加以外推，用来预测今后的用电量。

回归分析包括一元线性、多元线性和非线性回归法。一元线性回归方程以 $y=a+bx$ 表示，其中 x 为自变量，x 为因变量；a，b 为回归系数。多元线性回归方程为 $y=a_0+a_1x_1+a_2x_2+\cdots+a_nx_n$。非线性回归方程因变量与自变量不是线性关系，如 $y=ae^{bx}$ 等，但许多经过变换后仍可转换为线性回归方程。

根据历史数据，选择最接近的曲线函数，然后用最小二乘法使其间的偏差之平方和为最小，求解出回归系数，并建立回归方程。回归方程求得以后，把待求的未来点代入方程，就可以得到预测值。此外还可测出置信区间。从理论上讲，任何回归方程的适用范围一般只限于原来观测数据的变化范围内，不允许外推，然而实际上总是将回归方程在适当范围内外推。

应用回归分析方法必须预先人为给定回归线类型，若给定的不合适将直接影响预测精度。同时对不同的系统由于负荷特点不尽相同，也很难建立起具有通用性的负荷预测模型。

根据实际计算的结果，选定的模型为以下六种：直线、抛物线、指数曲线、反指数曲线、一型双曲线、几何曲线。

在计算处理中，程序将逐个利用上述的几种模型进行最小二乘拟合，直到找到一个剩余均方和最小的模型。

根据实际计算的情况，模型并非越多越好。有的模型虽对历史数据拟合得很好，但并不适宜用作预测，如高次多项式。

用回归法预测负荷时，若取用过去若干年的历史资料正处于发展上涨快的时期，则预测未来越来越快，反之，若取用下降时，则预测未来越来越慢。

3. 时间序列分析法

时间序列分析法是一种依据负荷过去的统计数据，找到其随时间变化的规律，建立时序模型，以推断未来负荷数值的方法。按照处理方法不同，时间序列法分为确定时间序列分析法和随机时间序列分析法。常用的确定时间序列分析法有指数平滑法和 Census-H 分解法。常用的随机时间序列分析法有 Box-Jenkins 法、状态空间法、Markov 法等。时间序列法虽然在解决影响负荷因素错综复杂方面较之前的方法有所进步，但它的缺点是该预测方法有个基本假定，即负荷过去的变化规律会持续到将来，所以当研究对象在所选时间序列内有特殊变化段，无适应性规律可言时该预测方法不成立。如我国电力工业发展历程中的"十五"时期不同于以往发展规律，无延续性可言，所以其规律纳入历史数据用时间序列分析法对未来形势变化进行预测将出现难以预料的结果。

4.3.3　智能预测方法

智能预测方法不需要事先知道过程模型的结构和参数的相关先验知识，也不必通过复杂的系统辨识来建立过程的数学模型，较适合应用于存在非线性、多变量、时变、不确定性的电力负荷预测。智能预测方法主要包括专家系统法、人工神经网络法、模糊预测法、灰色系统理论预测法和综合预测模型法。

1. 专家系统法

专家系统是一个应用基于知识的程序设计方案建立起来的计算机系统，它拥有某个特殊领域专家的知识和经验，并能像专家那样运用这些知识，通过推理，在该领域内做出智能决策。专家系统技术用于中长期负荷预测时，能对所收集整理的常规的预测模型逐一进行评估决策，快速地做出最佳预测结果，避免了人工推理的繁琐和人为差错的出现，克服以往用单一模型进行预测的片面性缺陷，但是对其提取有关规则较为困难，另外必须对多年的数据进行调查、分析、提取，将花费大量的人力、物力和财力。

2. 人工神经网络法

人工神经网络是源于人脑神经系统的一种模型，具有模拟人的部分形象思维的能力，它是由大量的人工神经元密集连接而成的网络。人工神经网络法是一种不依赖于模型的方法，它比较适合那些具有不确定性或高度非线性的对象，具有较强的适应和学习功能。用于负荷预测时，人工神经网络法利用神经网络可以任意逼进非线性系统的特性，对历史的负荷曲线进行拟合。负荷预测中常用的模型有 Kohonen 模型、BP 模型、改进的 BP 模型、RBF 神经网络等。人工神经网络具有大规模分布式并行处理、非线性、自组织、自学习、联想记忆等优良特性，其在电力领域的应用虽然解决了负荷预测中传统方法未能解决的问题，但有时应用现有神经网络模型进行实际负荷预测时，预测精度还是难以达到要求，尤其是在中长期负荷预测的应用中。因为神经网络模型的输入、输出原始数据必须以精确为前提，而实际预测时，因统计存在着误差（尤其是年度统计数据需经过多次修改才尽可能接近实际值），使得数据同实际值有一定的误差，由此神经网络所拟合的输入、输出关系必然同实际有一定差别，导致预测不准。且针对不同地区的特点，对输入、输出关系的选择和样本集的构成进行较大的调整，这就增加了推广的难度。

3. 模糊预测法

模糊算法用模糊理论去研究和处理具有"模糊"特性的对象时，其效果将显而易见。模糊理论最早由美国教授查德（L. A. Zandeh）首先提出，国内外学者对模糊数学在电力系统中的应用研究较多，如用于网架规划、电厂选址、运行最优化、负荷预测等。用于电力系统负荷预测的模糊方法有模糊分行业用电模型、模糊线性回归、模糊指数平滑、模糊聚类、模糊时间序列模型等，这些模糊负荷预测模型是在原有模型的基础上结合模糊理论形成新的预测模型，能够很好的处理带有模糊性的变量，解决了在负荷预测中存在大量的模糊信息的难题，提高了电力系统中长期负荷预测的精度。但是同样由于模糊算法要求提供大量的历史数据，且由于我国统计工作的不完善造成使用上的困难及精度的不精确性。

模糊预测方法不是依据历史数据的分析，而是考虑电力负荷与多因素的相关，将负荷与对应环境作为一个数据整体进行加工，得出负荷变化模式及对应环境因素特征。从而将待测年环境因素与各历史环境特征进行比较，得出所求的负荷增长率。

（1）模糊聚类法，此方法采用电力负荷增长率作为被测量，调研后采取国内生产总值（GDP）、人口、农业总产值、工业总产值、人均国民收入、人均电力等因素的增长率作为影响电力负荷增长的环境因素，构成一个总体环境。通过对历史环境与历史电力负荷总体的分类和及分类特征、环境特征的建立，进一步由未来待测年份的环境因素对各历史类的环境特征的识别，来选出与之最为接近的那类环境，得出所求电力负荷增长率。

（2）模糊线性回归法，该方法认为观察值和估计值之间的偏差是由系统的模糊性引起的。回归系数是模糊数预测的结果，是带有一定模糊幅度的模糊数。

（3）模糊指数平滑法，是指在指数平滑模型的基础上，将平滑系数模糊化，用指数平滑进行预测。这种方法具有算法简单、计算速度快、预测精度高、预测误差小，尤其在原始数据存在不确定性和模糊性时，更具有优越性。

（4）模糊相似优先比法，该方法是用相似优先比来判断哪种环境因素发展特征与电力负荷的发展特征最为相似，选出优势因素后，通过待测年某因素与历史年相同因素的贴近度选出与待测年贴近度最大的历史年，并认为这样选中的历史年电力负荷特征与待测年的电力负荷特征相同，从而得出预测负荷值与模糊聚类方法相比，该方法把影响电力负荷的多种因素"简化"为一种主要因素，适用于某种特殊功能占主导地位的供电区域。

（5）模糊最大贴近度法，该方法的核心在于选定某种影响因素（如经济增长速度等），通过比较所研究地区与各参考地区该因素接近的程度，选中与其最为贴近的参考地区，认为该地区相应的电力负荷发展规律与所研究地区对应的电力负荷发展规律相同。该方法与前两种模糊方法相比，不需要待测地区的历史数据，也不必通过识别历史负荷数据的发展模式来进行预测，所以不必进行历史数据修正就可以直接完成预测工作；同时，数据的收集和整理也远比前两者方便。

4. 灰色系统理论预测法

所谓灰色系统是指信息部分明确、部分不明确的系统。灰色系统理论预测法就是利用了部分明确的信息，通过形成必要的有限序列和微分方程，寻求各参数间的规律，从而推出不明确信息发展趋势的分析方法。

灰色系统理论预测法自 20 世纪 80 年代由我国学者邓聚龙教授提出后，已经在各个方面得到广泛的应用。用于预测时首先把负荷数据当作灰数，通过数据生成（累加、累减、均值和级比生成）得到新的数据列，从而减少数据的随机性，用此数据建立灰色模型进行预测，最后将预测值还原得到最终的负荷预测值。应用灰色理论进行负荷预测，具有样本少、计算简单、精度高和实用性好的优点。缺点是当数据离散程度较大时，由于数据灰度较大预测精度会较差，所以应用于电力系统中长期负荷预测中，仅仅是最近的几个数据精度较高，其他较远的数据只反映趋势值和规划值。

在灰色模型中，最具一般意义的模型是由 h 个变量的 n 阶微分方程描述的模型，称为 $GM(n, h)$ 模型，作为一种特例的 $GM(1, 1)$ 模型可用下式表示

$$\frac{\mathrm{d}X^{(1)}}{\mathrm{d}t} + aX^{(1)} = u$$

式中 $X^{(1)}$——原始数据经累加后生成的新数列；

a——模型的发展参数，反映 $X^{(1)}$ 及原始数列 $X^{(0)}$ 的发展趋势；

u——模型的协调系数，反映数据间的变化关系。

解上述微分方程，可以求得 $GM(1, 1)$ 的预测模型为

$$X^{(1)}(i+1) = \left[X^{(0)}(1) - \frac{u}{a}\right]\mathrm{e}^{-ak} + \frac{u}{a} \quad (k = 0,1,2,\cdots)$$

以时间为序列的原始数据列是一个随机过程，有时未必平稳，所以要用数据累加，得到新的数据序列。经过处理后的新序列，其随机性被弱化了。

该方法首先建立白化形式的微分方程，根据历史统计数据用最小二乘原理解得参数后，得到预测模型，按此模型就可进行预测。

5. 综合预测模型法

由于各预测方法的特点不同以及电力负荷的复杂性，各方法的预测结果往往时好时坏，所以可以通过组合预测来提高预测精度。组合预测综合利用了各种预测方法的预测结果，用适当的权系数加权平均进行预测。这种方法的关键在于求出各种预测方法的权系数。电力系统负荷预测领域的综合预测一般有两种含义：①将几种预测模型各自的预测结果通过选取适当的权重进行加权平均得到最终预测结果的一种预测方法，该类方法的实质是各预测模型权重的优化确定；②在几种预测模型中进行比较，按某种准则选择（拟合优度最佳或标准离差最小）其中某个预测模型作为最优模型进行预测。目前常用的综合预测模型有等权平均模型、方差-协方差综合预测模型等，它们的主要区别在于确定权重采用的方法不同。起初这些综合预测模型都是采用了固定不变的权重，但是随着时间的推移各单一预测模型受不同因

素影响的程度也将发生变化，从而影响该综合预测模型的可信度。在此基础上进而发展了权重可变（即动态变化）的电力系统负荷综合优化预测模型，以更好的反映电力负荷变化的规律。虽然综合预测模型算法的选取相较于所取的单一模型的精度有再次改进，但是预测模型可信度的关键在于各单一模型权重的选取。其中，固定不变的权值由于各模型受不同因素的影响而发生变化，对事实的反映程度有所受损，而针对固定不变权值的这一缺点而发展的可变权值理论中由于可变权值会出现负值导致该方法可行性的认可程度。

分析比较上述的几种智能预测方法，较经典预测方法和传统预测方法在预测精度上都有所改进。但是智能预测模型在应用中由于参数选取的不确定性影响了它的预测精度，如人工神经网络模型中的学习率（η）和惯性因子（α）、模糊算法模型中的模糊隶属度（a）和综合模型中的权重因子。另一方面，虽然智能预测方法针对提高历史数据的拟合精度方面进行了很多改进，但是随着社会经济（尤其在市场经济的影响下）的快速发展，统计方法对于不确定因素考虑不够的缺陷日益显著，其中历史负荷数据的真实性就有待修正；同时，由于中长期电力负荷具有非线性和时变性，要通过清晰的数学方程来表达输入（历史年负荷值、负荷影响因素值）与输出（规划年负荷值）之间的关系存在着种种困难，所以至今没有一个很合适的方法及模型能准确地对中长期负荷进行有效预测。

综上所述，电力负荷预测的实质就是利用以往的数据资料找出负荷变化的规律，从而对未来负荷的变化及状态做出预测。进行电力负荷预测时，如果仅以某种简单的函数关系去反映电力负荷与其影响因素（如气象、环境、经济等）之间的关系，会使得到的预测结果与实际偏离较远，而如果建立复杂模型，又由于各自模型本身因含有不定因素而导致其存在大小不同的误差，另外由于对电力负荷的影响因素（如国民经济增长率、宏观经济形势、产业结构和能源结构等）又是非可测的，所以对于电力中长期负荷预测来说，无论预测模型的精度如何改进，一旦上述任何一个非可测因素的实质性改变都将导致电力中长期负荷预测出现较大失误。

4.4 基于网格化规划的空间负荷预测

4.4.1 负荷预测方法的选取

配电网网格化规划以城市控制性详细规划为依据，以城市地块为单位开展负荷预测。现状已有或近期已正式申请用电的 35kV 及以上用户采用需用系数法开展远景饱和负荷预测。其他地块采用负荷密度指标法或需用系数法开展远景饱和负荷预测（用地面积和建筑面积应去除现状已有或近期已正式申请用电 35kV 及以上用户）。

具备城市控制性详细规划的供电网格，地块负荷预测优先采用负荷密度指标法，城市建设成熟地区也可采用需用系数法，可视地块城市规划资料情况、地块开发程度等因素，选取负荷密度指标法、需用系数法或两种方法的平均值作为地块负荷预测结果。

4.4.2 高压用户负荷预测

35kV 及以上用户远景负荷（MW）＝用户装接容量（MVA）×需用系数。需用系数应按用户所属产业或行业、电源数量合理取值，分产业及分行业需用系数推荐值分别如表 4-3、表 4-4 所示。

表 4-3 分产业需用系数推荐值

产业	电源回数	推荐值	下限	上限
第一产业	1	0.70	0.60	0.75
	2 及以上	0.35	0.25	0.40
第二产业	1	0.70	0.60	0.80
	2 及以上	0.35	0.25	0.40
第三产业	1	0.60	0.50	0.70
	2 及以上	0.30	0.25	0.40
城乡居民		0.30	0.15	0.35

表 4-4 分行业用户需用系数推荐值

行业	用户类型	电源回数	推荐值	下限	上限
农、林、牧、渔业	农场、养殖场	1	0.71	0.62	0.79
		2 及以上	0.45	0.39	0.51
制造业	工业企业	1	0.70	0.60	0.78
		2 及以上	0.4	0.35	0.43
批发和零售业	超市、商场	1	0.72	0.62	0.79
		2 及以上	0.43	0.41	0.44
房地产业	建筑安装企业	1	0.52	0.45	0.58
		2 及以上	0.35	0.32	0.38
教育	学校	1	0.43	0.38	0.45
		2 及以上	0.22	0.20	0.25
租赁和商务服务业	商务办公楼	1	0.57	0.52	0.63
		2 及以上	0.33	0.30	0.37
交通运输、仓储和邮政业	仓库、物流中心	1	0.48	0.43	0.52
		2 及以上	0.25	0.22	0.28
公共管理、社会保障和社会组织	社区中心及小型行政单位	1	0.55	0.51	0.60
		2 及以上	0.36	0.33	0.40
科学研究和技术服务业	研究所、研究院	2 及以上	0.38	0.34	0.42
文化、体育和娱乐业	体育场、文化娱乐中心	2 及以上	0.32	0.29	0.36
住宿和餐饮业	酒店、宾馆	2 及以上	0.35	0.31	0.38
电力、热力、燃气及水生产和供应业	变电站、泵站、水厂等市政设施	2 及以上	0.32	0.28	0.35
卫生和社会工作	医院	2 及以上	0.40	0.36	0.46
信息传输、软件和信息技术服务业	高科技园区企业	1	0.57	0.52	0.63
		2 及以上	0.30	0.26	0.34
金融业	证券交易所	2 及以上	0.34	0.28	0.40

4.4.3　中低压用户负荷预测

地块负荷（MW）＝地块建筑面积（万 m²）×负荷指标（W/m²）×地块内部同时率/100 或＝

地块用地面积(万 m^2 或 hm^2)×负荷密度(MW/km²)/100。

城市控制性详细规划提供地块建筑面积时,应采用建筑面积对应负荷指标开展负荷预测。城市控制性详细规划未提供地块建筑面积时,住宅用地(R类)、公共服务设施用地(C类)可参照周边地块建设开发强度,选取合理的容积率估算建筑面积,采用建筑面积对应负荷指标开展负荷预测;工业用地(M类)、物流用地(W类)、交通设施用地(S类)、市政用地(U类)、道路铁路用地(T类)、绿地(G类)、发展备用地(B类)、农用地(N类)等可采用用地面积对应负荷密度开展负荷预测。

地块负荷指标、负荷密度、同时率的选取如表4-5所示。

表 4-5   **地块负荷指标、负荷密度、同时率**

用地性质	用地代码	单位建筑面积负荷指标(W/m²)		地块内部同时率	单位用地面积负荷密度(MW/km²)	
		低方案	高方案		低方案	高方案
一类居住用地	Rr1	55	60	0.5	—	—
二类居住用地	Rr2	55	60	0.5	—	—
三类居住用地	Rr3	55	60	0.5	—	—
三类二类住宅组团用地	Rr3Rr2	55	60	0.5	—	—
四类居住用地	Rr4	55	60	0.5	—	—
六类居住用地	Rr6	55	60	0.5	—	—
社区级公共服务设施用地	Rc	55	60	0.5	—	—
基础教育设施用地	Rs	35	40	1	—	—
商办住宅综合用地	C8R3	75	85	0.6	—	—
商业住宅综合用地	C2R2/C2R3	75	85	0.6	—	—
行政办公用地	C1	90	100	0.7	—	—
商业服务业用地	C2	90	100	0.7	—	—
文化用地	C3	90	100	0.7	—	—
体育用地	C4	35	40	1	—	—
医疗卫生用地	C5	55	65	1	—	—
教育科研设计用地	C6	90	100	0.7	—	—
文物古迹用地	C7	30	35	1	—	—
商务办公用地	C8	90	100	0.7	—	—
其他公共设施用地	C9	55	65	1	—	—
一类工业用地	M1	35	40	1	35	40
二类工业用地	M2	45	50	1	45	50
三类工业用地	M3	55	60	1	55	60
工业研发用地	M4	80	90	0.7	—	—
普通仓储用地	W1	10	15	1	10	15
危险品仓储用地	W2	20	25	1	20	25
物流用地	W4	10	15	1	10	15
道路用地	S1	—	—	—	2	2
轨道站线用地	S2	—	—	—	2	2
社会停车场库用地	S3	—	—	—	2	2

用地性质	用地代码	单位建筑面积负荷指标（W/m²）		地块内部同时率	单位用地面积负荷密度（MW/km²）	
		低方案	高方案		低方案	高方案
公交场站用地	S4	—	—	—	2	2
广场用地	S5	—	—	—	2	2
综合交通枢纽用地	S6	—	—	—	10	15
其他交通设施用地	S9	—	—	—	10	15
供应设施用地	U1	—	—	—	35	40
交通设施用地	U2	—	—	—	35	40
环境卫生设施用地	U3	—	—	—	35	40
施工与维修设施	U4	—	—	—	35	40
殡葬设施用地	U5	—	—	—	35	40
消防设施用地	U6	—	—	—	35	40
其他市政公用设施用地	U9	—	—	—	35	40
铁路用地	T1	—	—	—	2	2
公路用地	T2	—	—	—	2	2
公共绿地	G1	—	—	—	1	1
生产防护绿地	G2	—	—	—	—	—
其他绿地	G9	—	—	—	—	—
水域	E1	—	—	—	—	—
备用地	B	—	—	—	35	40
农用地	N	—	—	—	2	2
特殊用地	D	—	—	—	35	40

供电网格内存在无城市控制详细规划地区时，应以所在地区的城市总体规划为依据，判断是否为城市建设用地。如确认为城市规划用地，可采用以下负荷预测方法：

（1）方法一：选取供电网格内或周边具备城市控制性详细规划同一类型地区，参照其负荷预测的整体负荷密度结果，按区域总体用地面积估算总量负荷，并将总量负荷按地块面积比例进行地块负荷分配。

（2）方法二：按区域总体用地面积，计及城市建设用地地块比例系数 0.7，计算地块用地总面积，按地块的用地性质取相应负荷密度或参照周边地区同类用地的容积率，计算地块建筑面积，取相应负荷指标开展负荷预测。

如按城市总体规划，确认为非城市集中建设用地（村庄、农田、林地、水域、道路组成的区域），按区域总体用地面积取负荷密度估算总量负荷，区域面积在 10km² 以内，负荷密度可取 1～2MW/km²；区域面积在 10～30km²，负荷密度可取 0.5～1MW/km²；区域面积在 30km² 以上时，负荷密度可取 0.1～0.5MW/km²。

4.4.4　供电分区、供电网格、供电单元负荷预测

供电公司总负荷（MW）＝Σ供电分区预测负荷×供电分区间同时率，供电网格间同时率取 0.98。供电分区负荷（MW）＝Σ供电网格预测负荷×供电网格间同时率，供电网格间同时

率取 0.95。供电网格或供电单元负荷（MW）＝∑地块预测负荷×地块间同时率，供电网格或供电单元内同一用地性质负荷（未计同时率）占 80％以上时，取地块间同时率 0.9；占 60％～80％以下时取同时率 0.85；占 60％以下时取同时率 0.8。

供电分区负荷预测结果用于确定供电分区内 220kV 变电站数量和 220kV 容载比计算。

供电网格负荷预测结果用于确定供电网格内 110（35）kV 变电站数量和 110（35）kV 容载比计算。

4.4.5 空间负荷预测实例

某地区具备控制性详规地块用地规划及相关指标，计算该园区远期饱和状态下的总负荷及负荷分布。

按照以上预测方法，具体计算步骤如下（见表 4-6、表 4-7）。

1）计算各类用地建筑面积（含各地块）。

2）确定各类用地单位建筑面积（占地面积）用电指标。

3）确定各类用地需用系数。

4）计算各类用地单位面积用电指标。

5）计算各类用地用电负荷及地区总负荷、负荷密度。

表 4-6　　　　　　　　　　　　远期负荷密度或指标的设定结果

用地性质	负荷指标（W/m²）		负荷密度（MW/km²）	
	低方案	高方案	低方案	高方案
三类住宅组团用地（Rr3）	55	60	—	—
社区商业用地（Rc2）	100	110	—	—
社区文化用地（Rc3）	55	60	—	—
社区体育用地（Rc4）	15	20	—	—
社区医疗用地（Rc5）	55	60	—	—
社区福利用地（Rc6）	55	60	—	—
基础教育设施用地（Rs）	55	60	—	—
供电设施用地（U12）	—	—	35	40
环境卫生设施用地（U3）	—	—	35	40
消防设施用地（U6）	—	—	35	40
道路用地（S1）	—	—	2	2
公共绿地（G1）	—	—	2	2
生产防护绿地（G2）	—	—	—	—
水域（E1）	—	—	—	—

表 4-7　　　　　　　　　　　　远 期 负 荷 预 测 结 果

地块功能	用地面积（ha）	建筑面积（万 m²）	负荷指标（W/m²）		负荷密度（MW/km²）		负荷（MW²）	
			低方案	高方案	低方案	高方案	低方案	高方案
Rr3(三类住宅组团用地)	37.82	62.32	55	60	—	—	34.27	37.39
Rc2(社区商业用地)	0.81	1.03	100	110	—	—	1.03	1.14
Rc3(社区文化用地)	1.44	1.44	55	60	—	—	0.79	0.86

地块功能	用地面积（ha）	建筑面积（万 m²）	负荷指标（W/m²）		负荷密度（MW/km²）		负荷（MW²）	
			低方案	高方案	低方案	高方案	低方案	高方案
Rc4（社区体育用地）	2.13	0.69	15	20	—	—	0.10	0.14
Rc5（社区医疗用地）	0.51	0.41	55	60	—	—	0.22	0.24
Rc6（社区福利用地）	1.08	1.29	55	60	—	—	0.71	0.78
Rs（基础教育设施用地）	17.80	12.65	55	60	—	—	6.96	7.59
U12（供电用地）	0.65	—	—	—	35	40	0.23	0.26
U3（环境卫生设施用地）	0.27	—	—	—	35	40	0.10	0.11
U6（消防设施用地）	0.40	—	—	—	35	40	0.14	0.16
G1（公共绿地）	17.39	—	—	—	2	2	0.35	0.35
G2（生产防护绿地）	5.29	—	—	—				
E1（河流）	0.46	—	—	—				
S1（道路及其他）	23.36	—	—	—	2	2	0.47	0.47
住宅类电动汽车充电桩	—	—	—	—	—	—	4.42	4.42
合计（考虑 0.72 同时率）	109.40	79.83			32.77	35.47	35.85	38.81

4.5 网 供 负 荷 计 算

4.5.1 110(66)kV 网供负荷

110(66)kV 网供负荷 P_1 的计算公式如下

$$P_1 = P_\Sigma - P_厂 - P_{直供1} - P_{直降1} - P_{发电1}$$

式中　P_Σ——全社会最大用电负荷，MW；

　　　$P_厂$——厂用电负荷，MW；

　　　$P_{直供1}$——110(66)kV 及以上电压直供负荷，MW；

　　　$P_{直降1}$——220kV 直降为 35kV 和 10kV 的负荷，MW；

　　　$P_{发电1}$——35kV 及以下上网且参与电力平衡发电负荷，MW。

110(66)kV 网供负荷主要通过列表的方式进行计算，如表 4-8 所示。

表 4-8　　　　　　　　　110kV 分年度网供负荷预测示意表

项目	××年	××年	××年	××年	××年
（1）全社会最大用电负荷					
（2）电厂厂用电					
（3）220kV 及以上电网直供负荷					
（4）110(66)kV 电网直供负荷					
（5）220kV 直降 35kV 负荷					
（6）220kV 直降 10kV 负荷					
（7）35kV 及以下上网且参与电力平衡发电负荷					
（8）110(66)kV 网供负荷					

注　（8）=（1）-（2）-（3）-（4）-（5）-（6）-（7）。

4.5.2　35kV 网供负荷

35kV 网供负荷 P_2 计算公式如下

$$P_2 = P_\Sigma - P_{厂} - P_{直供2} - P_{直降2} - P_{发电2}$$

式中　P_Σ——全社会最大用电负荷，MW；

$P_{厂}$——厂用电负荷，MW；

$P_{直供2}$——35kV 及以上电网直供负荷，MW；

$P_{直降2}$——220kV 和 110(66)kV 直降 10kV 供电负荷，MW；

$P_{发电2}$——35kV 公用变电站 10kV 侧上网且参与电力平衡的发电负荷，MW。

35kV 网供负荷主要通过列表的方式进行计算，如表 4-9 所示。

表 4-9　　　　　　　　　35kV 分年度网供负荷预测示意表

项目	××年	××年	××年	××年	××年
(1) 全社会最大用电负荷					
(2) 电厂厂用电					
(3) 35kV 及以上电网直供负荷					
(4) 220kV 直降 10kV 负荷					
(5) 110(66)kV 直降 10kV 负荷					
(6) 35kV 公用变电站 10kV 侧上网且参与电力平衡的发电负荷					
(7) 35kV 网供负荷					

注　(7)=(1)-(2)-(3)-(4)-(5)-(6)。

4.5.3　10kV 网供负荷

10kV 网供负荷 P_3 计算公式如下

$$P_3 = P_{总} - P_{专线} - P_{低压发电}$$

式中　$P_{总}$——10kV 总负荷，MW；

$P_{专线}$——10kV 专线用户负荷，MW；

$P_{低压发电}$——0.38kV 接入公用电网的电源，MW。

其中 10kV 总负荷 $P_{总}$ 由下式计算

$$P_{总} = P_{220kV降} + P_{110kV降} + P_{35kV降} + P_{10kV发电}$$

式中　$P_{220kV降}$——220kV 公用变电站 10kV 侧变电负荷，MW；

$P_{110kV降}$——110(66)kV 公用变电站 10kV 侧变电负荷，MW；

$P_{35kV降}$——35kV 公用变电站 10kV 侧变电负荷，MW；

$P_{10kV发电}$——10kV 电源上网电力，MW。

10kV 网供负荷主要通过列表的方式进行计算，如表 4-10 所示。

表 4-10　　　　　　　　　　　　**10kV 分年度网供负荷预测示意表**

项目	××年	××年	××年	××年	××年
(1) 10kV 总负荷					
(2) 220kV 公用变电站 10kV 侧变电负荷					
(3) 110(66)kV 公用变电站 10kV 侧变电负荷					
(4) 35kV 公用变电站 10kV 侧变电负荷					
(5) 10kV 电源上网电力					
(6) 10kV 专线用户负荷					
(7) 接入公用电网的 400V 电源					
(8) 10kV 网供负荷					

注　(1)＝(2)＋(3)＋(4)＋(5)；(8)＝(1)－(6)－(7)。

5 高压配电网规划

在我国高压配电网的电压等级一般采用110kV和35kV，东北地区主要采用66kV。高压配电网从上一级电网或电源接受电能后，可以直接向高压用户供电，也可以向下一级中压（低压）配电网提供电源。高压配电网是输电网和中压配电网的连接纽带，一方面高压配电网有效承接了上级输电网，另一方面高压配电网决定了中压配电网的发展规模。

高压配电网规划主要由变电站选址定容和高压配电网络接线布置组成。选址定容依据110（66）、35kV网供负荷预测结果和容载比取值，初步确定变电站数量和容量；后续结合供电区域划分和供电安全标准综合确定高压配电网络接线方式。在变电站布点、网络结构布置等环节，还需对变电站座数、容量进一步优化和调整。

5.1　35～110kV 变电站选址定容规划

5.1.1　变电容量估算

5.1.1.1　容载比选择

容载比是配电网规划的重要宏观性指标，是指某一供电区域、同一电压等级电网的公用变电设备总容量与对应的总负荷（网供负荷）的比值，需要分电压等级计算。对于区域较大、负荷发展水平极度不平衡、负荷特性差异较大、分区最大负荷出现在不同季节的地区，应分区计算容载比。容载比的计算公式如下

$$R_s = \frac{\sum S_{ei}}{P_{max}}$$

式中　R_s——容载比；

　　　P_{max}——该电压等级全网或供电区的年网供最大负荷，MW；

　　　$\sum S_{ei}$——该电压等级全网或供电区内公用变电站主变压器容量之和，MVA。

容载比的确定要考虑负荷分散系数、平均功率因数、变压器负载率、储备系数、负荷增长率等因素的影响。根据我国多年实践经验，高压配电网容载比一般为1.8～2.2。容载比的选择对电网发展具有重要影响，取值过大将造成电网建设前期投资增加，取值过小会降低电网适应性，甚至影响安全可靠供电，具体取值应依据负荷增长情况，参照表5-1的推荐值选定。

表 5-1　　　　　　　　　高压配电网容载比选择范围

负荷增长情况	较慢增长	中等增长	较快增长
年负荷平均增长率 K_p	$K_p \leqslant 7\%$	$7\% < K_p \leqslant 12\%$	$K_p > 12\%$
110～35kV 容载比	1.8～2.0	1.9～2.1	2.0～2.2

对处于负荷发展初期以及负荷快速发展期的地区、重点开发区或负荷较为分散的偏远地区，可适当提高容载比的取值；对于网络发展完善（负荷发展已进入饱和期）或规划期内负荷明确的地区，在满足用电需求和可靠性要求的前提下，可以适当降低容载比的取值。

5.1.1.2　新增变电容量估算

变电容量估算主要是用于确定各电压等级变电设备的容量，规划期末的变电容量计算如下

$$S = PR_s$$

式中　S——规划期末某电压等级变电容量需求，MVA；

　　　P——规划期末某电压等级网供最大负荷，MW；

　　　R_s——规划期末的容载比。

新增变电容量按下式计算

$$\Delta S = S - S_0$$

式中　ΔS——需新增变电容量，MVA；

　　　S_0——基准年变电容量，MVA。

变电容量估算方法如表 5-2 所示。

表 5-2　　　　　　　　　　　　　　变电容量估算示意表

区域名称	电压等级	项目	××年	××年	××年	××年
××地区	110(66)kV	网供负荷				
		容载比				
		期末容量				
		现有容量				
		新增容量				
××地区	35kV	网供负荷				
		容载比				
		期末容量				
		现有容量				
		新增容量				

5.1.1.3　应用实例

某地区 2011～2017 年 110kV 和 35kV 的最大用电负荷如表 5-3 和表 5-4 所示，计算该地区 110kV 和 35kV 的变电容量需求。

表 5-3　　　　　　　　　　　　　　110kV 分年度网供负荷预测

项目	2011 年	2012 年	2013 年	2014 年	2015 年	2016 年	2017 年
（1）全社会最大用电负荷	334.9	333.9	360	398	434	462	500
（2）电厂厂用电	60.64	61.52	61.52	61.82	61.82	62.12	62.12
（3）220kV 及以上电网直供负荷	0	0	0	0	0	0	0
（4）110(66)kV 电网直供负荷	7.76	9.35	9.54	9.73	9.92	10.12	10.32
（5）220kV 直降 35kV 负荷	0	0	0	0	11	16	21
（6）220kV 直降 10kV 负荷	0	0	0	0	0	0	0
（7）35kV 及以下上网且参与电力平衡发电负荷	0	0	0	0	0	0	0
（8）110(66)kV 网供负荷	266.5	263.03	288.94	326.45	351.26	373.76	406.56

表 5-4   **35kV 分年度网供负荷预测**

项目	2011 年	2012 年	2013 年	2014 年	2015 年	2016 年	2017 年
（1）全社会最大用电负荷	334.9	333.9	360	398	434	462	500
（2）电厂厂用电	60.64	61.52	61.52	61.82	61.82	62.12	62.12
（3）35kV 及以上电网直供负荷	80.17	74.99	81.17	90.87	94.71	100.27	107.29
（4）220kV 直降 10kV 负荷	0	0	0	0	0	0	0
（5）110(66)kV 直降 10kV 负荷	95.18	97.69	105.51	124.50	144.42	161.75	182.77
（6）35kV 公用变电站 10kV 侧上网且参与电力平衡的发电负荷	0	0	0	0	0	0	0
（7）35kV 网供负荷	98.91	99.7	111.80	120.81	133.05	137.86	147.82

首先，计算 110kV、35kV 网供负荷的增速情况，见下式

$$K_{\text{p}-110\text{kV}} = \left(\frac{406.56}{266.5} \right)^{\frac{1}{6}} - 1 = 7.29\%$$

$$K_{\text{p}-35\text{kV}} = \left(\frac{147.82}{98.91} \right)^{\frac{1}{6}} - 1 = 6.93\%$$

按照高压配电网容载比与负荷增速的对应情况，110kV 电网容载比的选择范围为 1.9～2.1 之间、35kV 电网容载比的选择范围为 1.8～2.0。因此，110kV 容载比取 1.9，35kV 容载比取 1.8。110kV 和 35kV 变电容量需求如表 5-5 所示。

表 5-5   **110kV 和 35kV 分年度变电容量需求**

电压等级	项目	2011 年	2012 年	2013 年	2014 年	2015 年	2016 年	2017 年
110kV	网供负荷（MW）	266.5	273.03	288.94	326.45	351.26	373.76	406.56
	容载比	1.9	1.9	1.9	1.9	1.9	1.9	1.9
	期末容量（MVA）	506.35	518.76	548.99	620.26	667.39	710.14	772.46
	现有容量（MVA）	463	463	463	463	463	463	463
	新增容量（MVA）	43.35	55.76	85.99	157.26	204.39	247.14	309.46
35kV	网供负荷（MW）	98.91	99.7	111.80	120.81	133.05	137.86	147.82
	容载比	1.8	1.8	1.8	1.8	1.8	1.8	1.8
	期末容量（MVA）	178.04	179.46	201.24	217.46	239.49	248.15	266.08
	现有容量（MVA）	178	178	178	178	178	178	178
	新增容量（MVA）	0.04	1.46	23.24	39.46	61.49	70.15	88.08

5.1.2 变电站座数估算

在同一个区域（城市、区县）内，高压配电网同一电压等级变电站内单台变压器的容量规格应尽可能统一，一般要求不超过三种容量序列。因此，根据式（4-3）得到的新增变电容量 ΔS，推算新增变电站的座数如下：

$$n = \begin{cases} \left[\dfrac{\Delta S}{S_{\text{N}}} \right] & \Delta S > 0 \\ 0 & \Delta S \leqslant 0 \end{cases}$$

式中 n——新增变电站的座数；

      S_{N}——变电站的典型容量，MVA；

[ ]——取整计算。

变电站的典型容量 S_N 的选定，应结合该地区具有典型和代表意义变电站典型配置，按照变压器台数和容量计算。新增变电站的座数 n 着重反映地区变电站的建设需求，在规划方案的拟定和检验环节，还需对变电站座数进行优化和调整。

5.1.3   变电站布点

变电站布点是在综合考虑了用电需求以及与经济社会各方面关系后，确定变电站站址的过程。变电站布点要根据变电站新增容量、数量的初步估计，提出变电站布点的可选方案，通过比选确定最终方案。

5.1.3.1   站址布点

站址布点的任务是根据变电站座数估算结果制定几个可比的变电站布点方案，以便进行方案优选。目前，站址布点主要由规划设计人员来完成，它很大程度上依赖于设计者的经验，具有一定主观性。随着信息化手段的发展，基于计算机分析的方案设计方法已经得到广泛应用，极大地帮助了规划设计人员开展工作。

（1）布点思路。变电站的规划布点可概括为多中心选址优化，需要综合考虑变电站（含中压配电网）建设投资和运行费用，实现区域配电网建设经济技术最优化。变电站布点在城市建设中，受到落地困难以及跨越河流、湖泊、道路、铁路等因素影响，开展变电站布点是一个多元连续选址的组合优化过程。

（2）布点流程。在已经掌握了地区控制性规划，并已开展空间负荷预测的区域，变电站布点应针对水平年负荷需求开展。根据未来电源的布局和负荷分布、增长变化情况，以现有电网为基础，在满足负荷需求的条件下，参照区域城市建设布局，形成远景年变电站供电区域划分，并初步将变电站布点于负荷中心且便于进出线的位置。在上述方案或多方案的基础上，需要开展技术经济测算，校验变电站布点方案的科学性和合理性，并根据测算结果对方案优化或选择。同时，需要兼顾电网建设时序，充分考虑电网过渡方案，并结合区域可靠性要求开展变电站故障情况下负荷转移分析（见图 5-1）。

随着规划变电站站址的逐个落实，需对原布点方案进行调整、优化。在尚未掌握地区控制性规划的区域，变电站布点应在现状电网的基础上，充分考虑未来负荷发展需求，在规划水平年变电站座数基础上适度预留，并持续跟进城乡规划成果，及时更新变电站布点方案。

5.1.3.2   主变压器选择

主变压器选择应综合考虑负荷密度、负荷增长速度以及上下级电网的协调和整体经济性等因素。

（1）主变压器容量。按照 5～10 年发展规划的需求来确定，也可由上一级电压电网与下一级电压电网间的潮流交换容量来确定。

变电站内装设 2 台及以上变压器时，若 1 台故障或检修，剩余的变压器容量应满足相关技术规范要求，在计及过负荷能力后的允许时间内，能够保证二级及以上电力用户负荷供电（在 A＋、A、B、C 类供电区域应能够保证全部负荷供电）。

同一规划区域中，相同电压等级的主变压器单台容量规格不宜超过 3 种，同一变电站的主变压器宜统一规格。

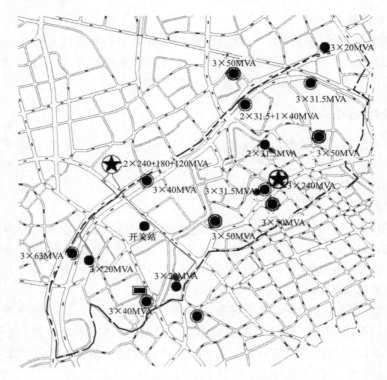

图 5-1　某地区 110kV 和 35kV 变电站站址布点图

对于负荷密度高的供电区域，若变电站布点困难，可选用大容量变压器以提高供电能力，并应通过加强上下级电网的提高供电可靠性。

（2）主变压器台数选择。根据地区负荷密度、供电安全水平要求和短路电流水平，确定变电站主变压器台数，变电站的主变压器台数最终规模不宜多于 4 台。高负荷密度地区变电站主变压器台数 3～4 台，负荷密度适中地区变电站主变压器台数 2～3 台，以农牧区为代表的极低负荷密度地区变电站主变压器台数 1～2 台。

规划时，主变压器容量和台数可由规划人员分析计算或参考相关标准进行选择。各类供电区域变电站最终容量配置推荐表如表 5-6 所示。

表 5-6　　　　　　　　　　各类供电区域变电站最终容量配置推荐表

电压等级	供电区域类型	台数（台）	单台容量（MVA）
110kV	A+、A 类	3～4	80、63、50
	B 类	2～3	63、50、40
	C 类	2～3	50、40、31.5
	D 类	2～3	50、40、31.5、20
	E 类	1～2	20、12.5、6.3
66kV	A+、A 类	3～4	50、40
	B 类	2～3	50、40、31.5
	C 类	2～3	40、31.5、20
	D 类	2～3	20、10、6.3
	E 类	1～2	6.3、3.15

电压等级	供电区域类型	台数（台）	单台容量（MVA）
35kV	A+、A 类	2～3	31.5、20
	B 类	2～3	31.5、20、10
	C 类	2～3	20、10、6.3
	D 类	2～3	10、6.3、3.15
	E 类	1～2	3.15、2

（3）调压方式的选择。变压器的电压调整通过切换变压器的分接头改变变压器变比。切换方式有两种：一种是不带负荷切换，称为无励磁调压，调压范围通常在±5％以内；另一种是带负载切换，称为有载调压，调压范围通常有±10％和±12％两种。110kV 及以下的变压器调压设计时可根据需要采用有载调压方式。

（4）绕组数量选择。对于深入至负荷中心、具有直接从高压降为低压供电条件的变电站，为简化电压等级或减少重复降压容量，可采用双绕组变压器。对于有 35kV 用户需求的区域，110kV 变压器可选用三绕组变压器。

（5）绕组连接方式选择。变压器绕组的连接方式必须和系统电压相位一致，否则不能并列运行。电力系统采用的绕组连接方式一般是星形和三角形，高、中、低三侧绕组如何组合要根据具体工程来确定。我国 110kV 及以上变压器高、中绕组都采用星形连接；35kV 如需接入消弧线圈或接地电阻时，亦采用星形连接；35kV 以下变压器绕组都采用三角形连接。

（6）主变压器阻抗。主变压器阻抗的选择要考虑如下原则：

1）阻抗值的选择必须从电力系统稳定、无功分配、继电保护、短路电流、调相调压和并联运行等方面进行综合考虑。

2）对双绕组普通变压器，一般按标准规定值选择，确保负荷侧母线短路电流不超过要求值。

3）对三绕组的普通型和自耦型变压器，其最大阻抗是放在高、中压侧还是高、低压侧，必须按上述原则1）来确定。目前国内生产的变压器有"升压型"和"降压型"两种结构。"升压型"的绕组排列顺序为：自铁芯向外依次为中、低、高，所以高、中压侧阻抗最大；"降压型"的绕组排列顺序为：自铁芯向外依次为低、中、高，所以高、低压侧阻抗最大。

（7）变压器并列运行。两台或多台变压器的变电站如采用并列运行方式，必须满足表 5-7 中的变压器并列运行条件。

表 5-7　　　　　　　　　　　　变电站变压器并列运行条件

序号	并列运行条件	技术要求
1	电压和变比相同	变压比差值不得超过 0.5％，调压范围与每级电压要相同
2	连接组别相同	包括连接方式、极性、相序都必须相同
3	短路电压（即阻抗电压）相等	短路电压值不得超过±10％
4	容量差别不宜过大	两变压器容量比不宜超过 3∶1

5.1.4　电气主接线

变电站电气主接线应满足供电可靠、运行灵活、适应远方控制、操作检修方便、节约投资、便于扩建以及规范、简化等要求。变电站电气主接线的选取，应综合考虑变电站功能定位、进出线规模等因素，并结合远期电网结构预留扩展空间。变电站高压侧主接线应简单清晰，110(66)kV、35kV 变电站常用的主接线有单母线、单母线分段、线路变压器组、内桥接线、外桥接线等接线方式。接线方式及其特点见表 5-8。对于扩展形式和其他更复杂的形式（如扩大单元、内桥加线变组），可以根据基本形式组合应用。

表 5-8　　　　　　　　　110(66)、35kV 变电站电气主接线的基本形式

接线方式	示意图	特点
单母线		**优点：** 接线简单清晰、设备少、操作方便、占地少、便于扩建和采用成套配电装置。 **缺点：** 不够灵活可靠，任一元件故障或检修，均需要整个配电装置停电；母线故障易导致全站停电
单母线分段接线		**优点：** 接线简单清晰、设备较少、操作方便、占地少、便于扩建和采用成套配电装置。当一段母线发生故障，可以保证正常母线不间断供电，供电可靠性较高。 **缺点：** 当一段母线或母线隔离开关发生永久性故障或检修时，连接在该段母线的回路在故障检修期间需要停电

接线方式	示意图	特点
线路变压器组接线		优点：变电站占地面积小；断路器数量少；投资少；接线简单。 缺点：线路变压器组中任意高压元件故障，都会导致整个线变组停电，需要通过 10kV 母线转供负荷
内桥接线		优点：变电站占地面积较小；接线比较简单；投资较少；线路投入、断开、检修或故障时，通常对电力用户供电影响较小。 缺点：变压器的切除和投入较为复杂，需要操作 2 台断路器并影响 1 回线路暂时停运；连接桥断路器检修时，2 个回路需解列运行；出线断路器检修时，线路需在此期间停运
外桥接线		优点：变电站占地面积较小；接线比较简单；投资较少；线路投入、断开、检修或故障时，通常对电力用户供电影响较小。 缺点：线路的切除和投入较为复杂，需要操作 2 台断路器，并有 1 台变压器暂时停运；连接桥断路器检修时，2 个回路需解列运行；变压器侧断路器检修时，变压器需在此期间停运

110(66)kV、35kV 变电站，有两回路电源和两台变压器时，主接线可采用桥形接线。当电源线路较长时，应采用内桥接线，为了提高可靠性和灵活性，可增设带隔离开关的跨条。当电源线路较短，需经常切换变压器或桥上有穿越功率时，应采用外桥接线。

当 110(66)kV、35kV 线路为两回路以上时，宜采用单母线或单母线分段接线方式，10kV 侧宜采用单母线或单母线分段接线方式。当变电站站内变压器为两台以上时，可以采用 110(66)kV、35kV 的分段母线与主变压器交叉接线的方式提高可靠性。当 10kV 侧采用单母线多分段的接线方式时，可将 10kV 侧的若干分段母线环接以提高供电可靠性。

5.2　35～110kV 网架规划

5.2.1　主要原则

（1）正常运行时，各变电站应有相互独立的供电区域，供电区不交叉、不重叠，故障或检修时，变电站之间应有一定比例的负荷转供能力。

（2）高压配电网的转供能力主要取决于正常运行时的变压器容量裕度、线路容量裕度，以及中压主干线的合理分段和联络。

（3）同一地区同类供电区域的电网结构应尽量统一。

（4）35～110kV 变电站宜采用双侧电源供电，条件不具备或处于电网发展的过渡阶段，也可同杆架设双电源供电，但应加强中压配电网的联络。

5.2.2　主要结构

高压配电网的电网结构可分为辐射、环网、T 接、链式等，下面对每种典型结构的优缺点和适用范围等进行介绍。

5.2.2.1　辐射状结构（单侧电源）

从上级电源变电站引出同一电压等级的一回或双回线路，接入本级变电站的母线（或桥），称为辐射结构。辐射结构分为单辐射和双辐射两种类型。

（1）单辐射。由一个电源的一回线路供电的辐射结构，如图 5-2 所示。单辐射结构中，110kV 变电站主变压器台数为 1～2 台。单辐射结构不满足 $N-1$ 要求。

（2）双、多辐射。由同一电源的两、多回线路供电的辐射结构，如图 5-3、图 5-4 所示。

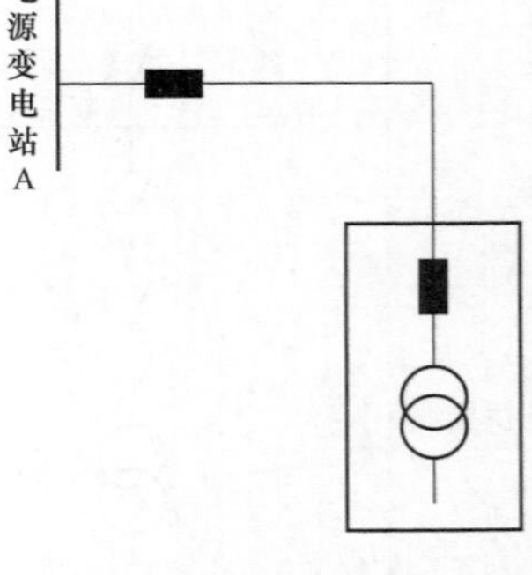

辐射状结构（单辐射、双辐射、）的优点是接线简单，适应

图 5-2　单辐射接线示意图

发展性强；缺点是 110kV 变电站只有来自同一电源的进线，可靠性较差。主要适合用于负荷密度较低、可靠性要求不太高的地区，或者作为网络形成初期、上级电源变电站布点不足时的过渡性结构。

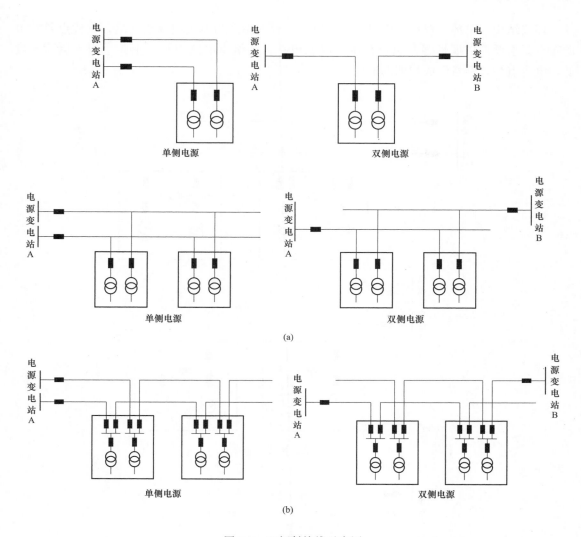

(a)

(b)

图 5-3　双辐射接线示意图

（a）T 接（变电站高压侧为线变粗或单母线接线）；（b）π 接（变电站高压侧为单母线或环入环出接线）

5.2.2.2　环式（单侧电源，环网结构，开环运行）

从上级电源变电站引出同一电压等级的一回或双回线路，接入本级变电站的母线（或桥），并依次串接两个（或多个）变电站，通过另外一回或双回线路与起始电源点相连，形成首尾相连的环形接线方式，一般选择在环的中部开环运行，称为环网结构。

（1）单环。由同一电源站不同路径的两回线路分别给两个变电站供电，站间一回联络线路，如图 5-5 所示。

（2）双环。由同一电源站不同路径的四回线路分别给两个变电站供电，站间两回联络线路，如图 5-6 所示。

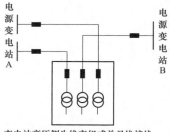

变电站高压侧为线变组或单母线接线

图 5-4　多辐射示意图

环式结构（单环、双环）中只有一个电源，变电站间为单线或双线联络，其优点是对电源布点要求低，扩展性强；缺点是供电电源单一，网络供电能力小。主要适用于负荷密度低，电源点少，网络形成初期的地区。

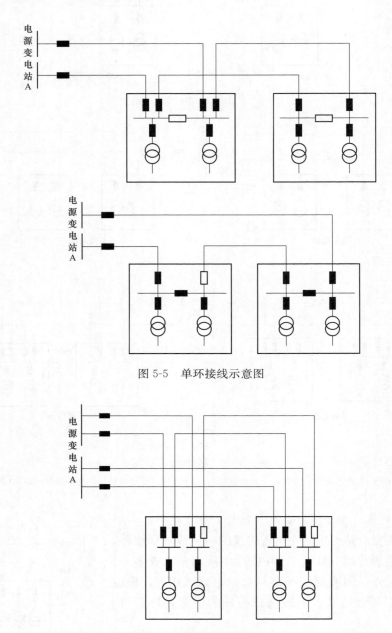

图 5-5　单环接线示意图

图 5-6　双环接线示意图

5.2.2.3　链式（双侧电源）

从上级电源变电站引出同一电压等级的一回或多回线路，依次 π 接或 T 接到变电站的母线（或环入环出单元、桥），末端通过另外一回或多回线路与其他电源点相连，形成链状接线方式，称为链式结构。

（1）单链。由不同电源站的两回线路供电，站间一回联络线路，如图 5-7 所示。

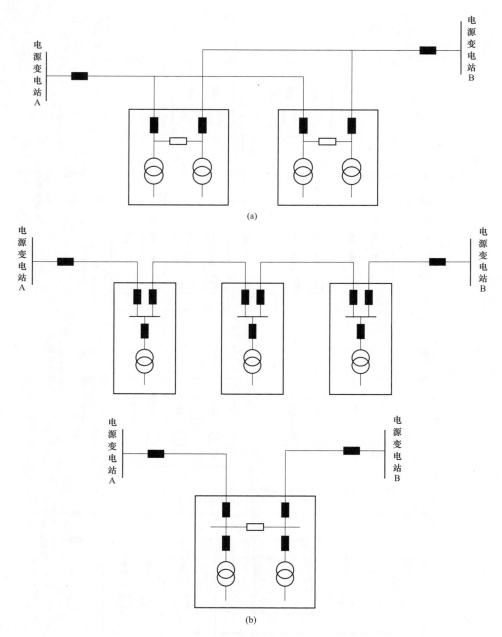

图 5-7　单链接线示意图

（a）T 接（变电站高压侧线变组、单母线接线）；（b）π 接（变电站高压侧单母线分段、内桥、扩大内桥接线）

（2）双链。两个电源站各出两回线路供电，站间两回联络线路，如图 5-8 所示。

（3）三链。两个电源站各出三回线路供电，站间三回联络线路，如图 5-9 所示。

链式结构（单链、双链和三链）的优点是运行灵活、供电可靠高，缺点是出线回路数多、投资大。主要适用于对供电可靠性要求高、负荷密度大的繁华商业区、政府驻地等。

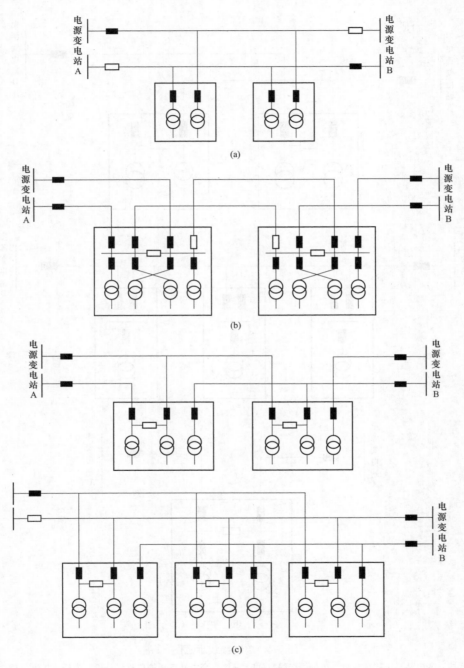

图 5-8　双链接线示意图

T 接（变电站高压侧线变组、单母线接线）；(b) π 接（变电站高压侧为单母线、单母线分段接线）；

(c) T、π 混合（变电站高压侧为内桥＋线变组接线）

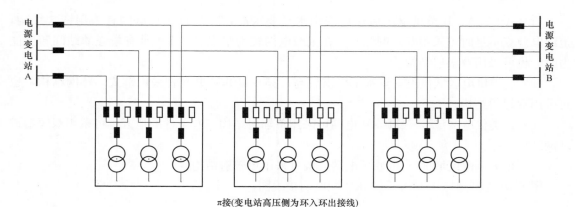

π接(变电站高压侧为环入环出接线)

图 5-9 三链接线示意图

5.2.3 接线方式选择

高压配电网接线方式选择要因地制宜，结合地区发展规划，选择成熟、合理、技术经济先进的方案。各方案对比情况见表 5-9。

表 5-9   各类电网结构综合对比表

序列	网架结构	可靠性	是否满足 $N-1$ 准则	投资
1	单辐射	低	不满足	低
2	双辐射	一般	满足	一般
3	单环	一般	满足	一般
4	双环	较高	满足	较高
5	单链	较高	满足	较高
6	双链	高	满足	高
7	三链	高	满足	高

通常，各类供电区域 35～110(66)kV 电网目标电网结构推荐表如表 5-10 所示。

表 5-10   35～110(66)kV 电网目标电网结构推荐表

电压等级	供电区域类型	链式			环网		辐射	
		三链	双链	单链	双环网	单环网	双辐射	单辐射
110(66)kV	A+、A 类	√	√	√	√		√	
	B 类	√	√	√	√		√	
	C 类	√	√	√	√	√	√	
	D 类					√	√	√
	E 类							√
35kV	A+、A 类	√	√	√	√		√	
	B 类		√	√		√	√	
	C 类		√	√		√	√	
	D 类					√	√	√
	E 类							√

（1）A+、A、B类供电区域供电安全水平要求高，35～110kV电网宜采用链式结构，上级电源点不足时可采用双环网结构，在上级电网较为坚强且10kV具有较强的站间转供能力时，也可采用双辐射结构。

（2）C类供电区域供电安全水平要求较高，35～110kV电网宜采用链式、环网结构，也可采用双辐射结构。

（3）D类供电区域35～110kV电网可采用单辐射结构，有条件的地区也可采用双辐射或环网结构。

（4）E类供电区域35～110kV电网一般可采用单辐射结构。

图5-10为某地区110kV和35kV配电网接线图。

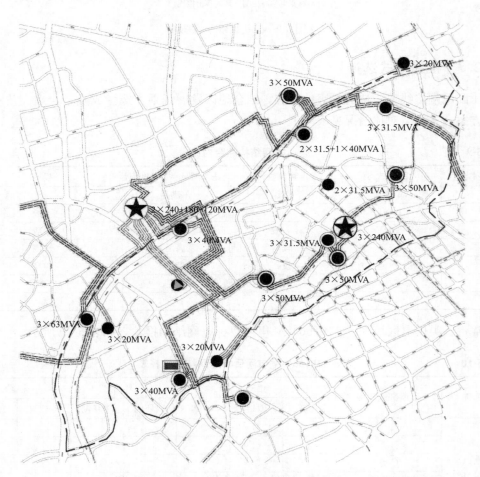

图5-10　某地区110kV和35kV配电网接线图（三链接线、多辐射接线混合）

5.2.4　目标网架过渡

各类供电区域内的电网可根据电网建设阶段，供电安全水平要求和实际情况，通过建设与改造，分阶段逐步实现推荐采用的电网结构。各类典型结构过渡示意见图5-11。

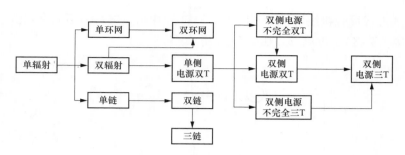

图 5-11　各类结构过渡示意图

以两台主变压器的 110kV 变电站接入,由双辐射形成混合接线(π 接＋T 接)、单链式形成混合接线(π 接＋T 接)、辐射结构形成双链网架;以三台主变压器的 110kV 变电站接入,由辐射结构形成三链网架四个实例对过渡方案进行介绍。

(1) 双辐射形成混合接线(π 接＋T 接)。过程顺序为双辐射→不完全双链→两个单链→混合接线(π 接＋T 接),过渡方式如图 5-12 所示。

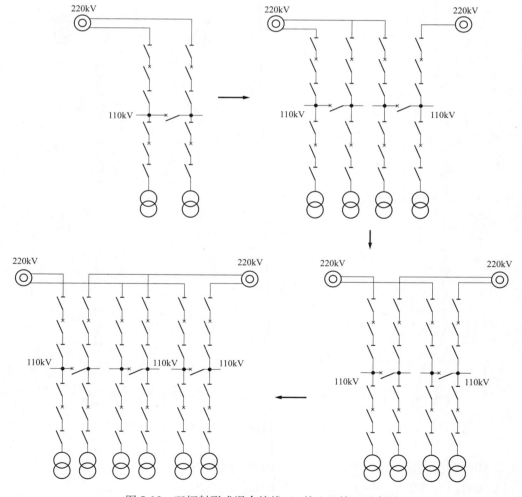

图 5-12　双辐射形成混合接线(π 接＋T 接)示意图

（2）单链式形成混合接线（π接＋T接）。过渡顺序为单链式→不完全双链→两个单链→混合接线（π接＋T接），过渡方式如图 5-13 所示。

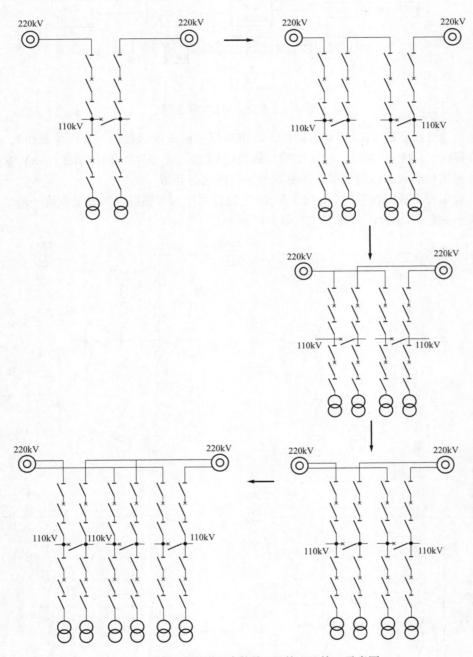

图 5-13 单链式形成混合接线（π接＋T接）示意图

（3）辐射结构形成双链网架。过渡方式如图 5-14 所示。

（4）辐射结构形成三链网架。过渡方式如图 5-15 所示。

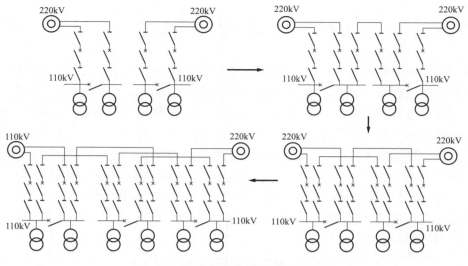

图 5-14　辐射结构形成双链网架示意图

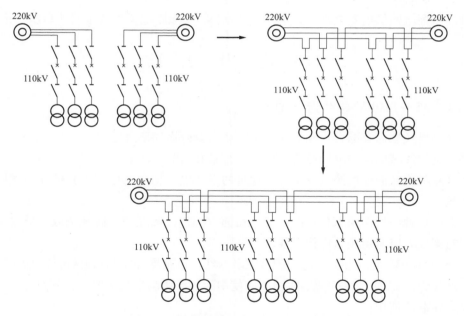

图 5-15　辐射结构形成三链网架示意图

5.2.5　上下级电网的衔接分析

A＋、A 类地区 110(35)kV 变电站为 3 台主变压器时，站间 10kV 配电网负荷转移比例（占变电站所供负荷）应高于 50％；2 台主变压器或单侧电源供电时，站间 10kV 配电网负荷转移比例（占变电站所供负荷）应达到 100％，并且 110(35)kV 变电站每段 10kV 母线应至少有 1 回开关站双环网出线或双侧电源单环网出线作为变电站非专用互馈线，视为检修方式 N−1 下的备用电源。

B＋、C 类地区 110(35)kV 变电站站间 10kV 配电网负荷转移比例宜高于 50％。

5.3 供电安全标准

根据 DL/T 256《城市电网供电安全标准》，高压配电网变电站的供电安全标准属于三级标准，对应的组负荷范围在 12～180MW（组负荷是指负荷组的最大负荷），其供电安全水平要求如下：

（1）对于停电范围在 12～180MW 的组负荷，其中不小于组负荷减 12MW 的负荷或者不小于 2/3 的组负荷（两者取小值）应在 15min 内恢复供电，余下的负荷应在 3h 内恢复供电。

（2）该级停电故障主要涉及变电站的高压进线或主变压器，停电范围仅限于故障变电站所带的负荷，其中大部分负荷应在 15min 内恢复供电，其他负荷应在 3h 内恢复供电。

（3）A＋、A 类供电区域故障变电站所带的负荷应在 15min 内恢复供电；B、C 类供电区域故障变电站所带的负荷，其大部分负荷（不小于 2/3）应在 15min 内恢复供电，其余负荷应在 3h 内恢复供电。

（4）该级标准要求变电站的中压线路之间宜建立站间联络，变电站主变压器及高压线路可按 $N-1$ 原则配置。

提升高压配电网供电安全水平，主要是依据 $N-1$ 原则配置主变压器和高压线路。

5.4 电 力 线 路

5.4.1 35～110kV 导线选取原则

（1）线路导线截面宜综合饱和负荷需求、线路全寿命周期选定。

（2）线路导线截面应与电网结构、变压器容量和台数相匹配。

（3）线路导线截面应按照故障情况下通过的安全电流裕度选取，正常情况下按照经济载荷范围校核。

（4）35～110kV 线路跨区供电时，导线截面宜按建设标准较高区域选取。导线截面选取宜适当留有裕度，以避免频繁更换导线。

（5）35～110kV 架空线路导线宜采用钢芯铝绞线，沿海及有腐蚀性地区可选用防腐型导线。

（6）新架设的 35～110kV 架空线路不应使用耐热导线满足载流要求。耐热导线只能用于增加原有线路载流使用。

（7）35～110kV 电缆线路宜选用交联聚乙烯绝缘铜芯电缆，载流量应与该区域架空线路相匹配。

（8）对于采用 110kV 开关站集中向工业园区供电的情况，开关站进线导线截面可根据需要采用较大截面导线，导线截面超过 240mm² 时，宜采用分裂导线方式，不应选择截面在 400mm² 以上的单根导线。

5.4.2 导线载流量选择

导线载流量选择是根据高压配电网运行方式和供电可靠性要求，计算各导线的最大载流量需求，用于指导导线型号及截面选择，具体计算过程中需考虑的因素包括：

（1）明确变电站主变压器台数、容量及负载率；

（2）高压配电网运行方式（正常方式、故障方式、检修方式等）；

（3）可靠性要求。

各类供电区域导线截面选取建议如下：A＋、A、B 类供电区域 110(66)kV 架空线路截面不宜小于 240mm²，35kV 架空线路截面不宜小于 150mm²；C、D、E 类供电区域 110kV 架空线路截面不宜小于 150mm²，66kV、35kV 架空线路截面不宜小于 120mm²。

5.4.3　实例分析

以两座均为 4 台主变压器的 110kV 变电站构成的双回链式接线为例，进行导线载流量计算，接线示意图如图 5-16 所示。

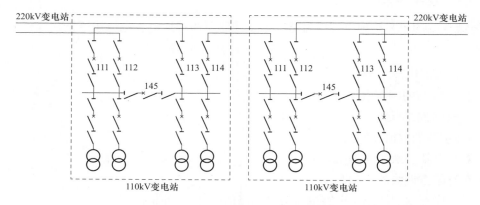

图 5-16　110kV 变电站构成链式接线

两座 220kV 变电站各引出双回 110kV 电源线路，分别为两座 110kV 变电站提供主供电源（112、113 进线），两座 110kV 变电站之间通过双回联络线路互为备用（111、114 进线）。按照主变压器容量均为 50MVA，10kV 母线环形接线考虑，主变压器最大负载率为 80％。

正常方式下，每回电源线路带 1 座 110kV 变电站 2 台主变压器并列运行，与另外 2 台主变压器之间分列运行，以保证有两个不同方向的电源。当电源线路发生 N−1 故障情况时，145 开关自投，由非故障线路带全站 4 台主变压器。当其中一个 110kV 变电站发生同方向 N−2 故障情况或一回主供线路检修另一回主供线路 N−1 故障时，站内 4 台主变压器由 1 条 110kV 联络线供电，单条联络线路最多带 4 台 50MVA 主变压器，主变压器负载率按照 80％ 考虑，负荷为 160MVA（联络线载流量应大于 840A）；另一座变电站单回主供线路最多带 6 台 50MVA 主变压器，主变压器负载率按照 80％ 考虑，站间同时率按照 0.9 考虑，负荷为 216MVA（主供线路载流量应大于 1134A）。

5.5　中性点接地选择

5.5.1　接地方式

中性点接地方式对系统供电可靠性、人身及设备安全、绝缘水平等方面具有重要影响，是保证电力系统安全、降低系统事故影响的重要技术。高压配电网的中性点接地方式一般按照表 5-11 所示选择。此外，35kV 架空网宜采用中性点经消弧线圈接地方式；35kV 电缆网宜采用中性点经低电阻接地方式，宜将接地电流控制在 1000A 以下。

表 5-11 高压配电网中性点接地方式选择

电压等级	接地方式
110kV 系统	直接接地
66kV 系统	经消弧线圈接地
35kV 系统	不接地、经消弧线圈接地或低电阻接地

5.5.2 接地参数

（1）架空线的单相接地电容电流值。架空线路单相接地电容电流按照下式计算

$$I_c = (2.7 \sim 3.3)U_e l \times 10^{-3}$$

式中 I_c——故障电流，A；

U_e——线路的额定电压，kV；

l——线路的长度，km。

其中，系数的取值原则为：

1）对没有架空地线的采用 2.7；

2）对有架空地线的采用 3.3；

3）对于同杆双回线路，电容电流为单回路的 1.3～1.6 倍。

（2）电缆线路的单相接地电容电流值。电缆线路单相接地电容电流值按照下式计算

$$I_c = 0.1U_e l$$

式中 U_e——线路的额定电压，kV；

l——线路的长度，km。

35kV 电缆线路单相接地时电容电流的单位值见表 5-12。

表 5-12 55kV 电缆线路单相接地电容电流 A/km

电缆导线截面（mm²）	单相接地电容电流
70	3.7
95	4.1
120	4.4
150	4.8
185	5.2

（3）消弧线圈的选择：

1）安装消弧线圈的电力网，中性点位移电压在长期运行中应不超过相电压的 15%。

2）35kV 及以下电压等级的系统，故障点残余电流应尽量减小，一般不超过 10A。为减少故障点残余电流，必要时可将电力网分区运行。110kV 及以上安装消弧线圈的电力网，脱谐度一般不大于 10%。脱谐度的计算如下

$$\nu = \frac{I_C - I_L}{I_C}$$

式中　ν——脱谐度；若 ν 为负值，称为过补偿；若 ν 为正值，称为欠补偿。

　　I_C——故障电流，A；

　　I_L——消弧线圈电感电流，A。

3）消弧线圈一般采用过补偿方式，当消弧线圈容量不足时，允许在一定时间内用欠补偿的方式运行，但欠补偿度不应超过 10%。

4）在选定电力网消弧线圈的容量时，应考虑 5 年左右的发展，并按过补偿进行设计，其容量按下式计算

$$S_x = 1.35 I_c U_\varphi$$

式中　I_c——电力网接地电流，A；

　　U_φ——电力网相电压，kV。

5）消弧线圈安装地点的选择应注意：

a. 要保证系统在任何运行方式下，断开 1～2 条线路时，大部分电力网不致失去补偿。

b. 不应将多台消弧线圈集中安装在网络中的一处，并应尽量避免网络中只装设一台消弧线圈。

c. 消弧线圈宜装于 Yd 接线变压器中性点上。装于 Yd 接线的双绕组变压器及三绕组变压器中性点上的消弧线圈容量，不应超过变压器容量的 50%，并不得大于三绕组变压器任一绕组容量。若需将消弧线圈装在 Dy 接线的变压器中性点上，消弧线圈的容量不应超过变压器额定容量的 20%。不应将消弧线圈接于零序磁通经铁心闭路的 Yy 接线的三相变压器上。

d. 对于主变压器为三角形接线的绕组，不应将消弧线圈接于零序磁通经铁心闭路的 YNyn 接线的三相变压器上。应在该绕组的母线处加装零序阻抗很小的专用接地变压器，接地变压器的容量不应小于消弧线圈的容量。

6　中低压配电网规划

在我国中压配电网的电压等级一般采用10kV，个别区域采用20kV或6kV。中压配电网从上一级电网或电源接受电能后，直接向低压用户供电。由于电网中低压用户占绝大多数，因此中压配电网的供电安全水平对配电网的供电可靠性水平影响相对更大。

中压配电网规划主要由配电设施选址定容和中压配电网络接线布置组成。传统的中压配电设施的位置选择可以分别按负荷中心、电压损耗或功率损失计算。目前，多采用负荷中心分析、电压损耗分析、功率损失分析的综合比较方法，并结合供电区域划分和供电安全标准确定中压配电网络接线。中压配电网规划要避免逐条规划出线，而应统筹规划多条出线，优化资源利用效率，合理配置联络设备，逐步构建结构清晰的典型目标网架。国外发达地区的中压配电网构建有许多先进经验，电缆接线方式有新加坡的花瓣形接线（并列运行）和东京电力的点网接线（并列运行）、环网接线、主备接线，架空线接线方式有东京电力的六分段三联络接线，这些先进的网架结构有效保障了电网高可靠性供电。

6.1　中压配电网规划的一般规定

（1）10kV配电网应标准化、模块化。配电网接线模式、配电站设计、线路选型应统一标准，主干网导线截面应按中长期规划一次建成。

（2）供电单元中10kV线路应有大致明确的供电范围，正常运行时供电单元之间10kV线路不交叉、不重叠。

（3）10kV配电网应满足正常方式$N-1$，以正常方式发生$N-1$线路不过载为前提，确定每座开关站、环网站可供变压器容量，提升10kV线路利用率。

（4）10kV配电网平均供电半径：

1）A+、A类地区供电网格不宜大于1.5km；

2）B类地区供电网格不宜大于3km；

3）C类地区供电网格不宜大于5km；

4）B、C类地区负荷密度低于1MW/km^{2}的供电网格，根据线路负荷实际情况核算电压降适当放大供电半径（如电缆线路比例较高的线路），但原则上不应大于8km。

5）长距离架空线线路结合线路、配变的实际情况计算电压损失，如电压损失较大时，可采用柱上无功补偿装置，如采用保留接线中的开关站供架空线等。

（5）10kV配电网中原则上不设专用互馈线。

（6）所有10kV开关站进线均应配置线路纵差保护。

（7）双并电源进线的开关站仅校验进线负荷，不需按所接变压器容量校核。

6.2 基于网格化的中压配电网规划

6.2.1 配电设施位置选择

（1）按负荷中心计算。根据台区选择的基本原则，以位于负荷中心为目标，可采用较为粗略的方法确定负荷中心，估计台区的位置。这种方法一般是在供电区域总平面图上，按适当的比例 $K(\mathrm{kW/m^2})$ 作出各建筑物及居民区的负荷圆，圆心通常设在村或居民区的中央，圆半径 $r(\mathrm{m})$ 按照下式计算

$$r = \sqrt{\frac{P_{\mathrm{js}}}{K\pi}}$$

式中　P_{js}——村或居民区的计算负荷，kW。

较为精确的方法是将地块信息映射到 $x-y$ 平面坐标下，再根据各主要负荷在坐标系上的分布情况，作出坐标系的示意图，然后按下式计算负荷中心在坐标系中的坐标（x，y），从而近似确定负荷中心的位置。

$$\begin{cases} x = \dfrac{P_1 x_1 + P_2 x_2 + \cdots + P_i x_i}{P_1 + P_2 + \cdots + P_i} \\ y = \dfrac{P_1 y_1 + P_2 y_2 + \cdots + P_i y_i}{P_1 + P_2 + \cdots + P_i} \end{cases}$$

式中　x_i——第 i 个负荷的横坐标；

　　　y_i——第 i 个负荷的纵坐标；

　　　P_i——第 i 个负荷的有功功率，kW。

（2）按电压损耗计算。在电力系统中，网络元件的电压降落分为纵分量和横分量，计算电压损耗时往往需要根据潮流计算，确定各负荷点的电压向量，从而确定各点的电压损耗。按电压损耗最小确定配电变压器位置时，电压损耗的计算公式一般为

$$\begin{cases} \Delta U_i = \dfrac{U_{ix}(P_i R_i + Q_i X_i) - U_{iy}(P_i X_i - Q_i R_i)}{U_{ix}^2 + U_{iy}^2} \\ \delta U_i = \dfrac{U_{iy}(P_i R_i + Q_i X_i) + U_{ix}(P_i X_i - Q_i R_i)}{U_{ix}^2 + U_{iy}^2} \end{cases}$$

式中　P_i、Q_i——第 i 个负荷的有功功率（kW）和无功功率，kvar；

　　　R_i、X_i——第 i 个负荷的对应配电线路上的电阻和电抗，Ω；

　　　U_{ix}、U_{iy}——第 i 个负荷的电压的实部与虚部。

为了简化计算，一般可以以电压降落的纵分量 ΔU 作为电压损耗。

（3）按功率损失计算。同电压损耗的计算，有功功率损耗也需要经过潮流计算，才能确定首末节点之间的有功功率损失情况。按功率损失最小确定配电变压器位置时，功率损失计算公式如下

$$\Delta P_i = \frac{R_i(\Delta U_i^2 - \delta U_i^2) - 2X_i \Delta U_i \delta U_i}{R_i^2 + X_i^2}$$

上述各种方法中，主要应考虑负荷中心和功率损耗最小两种方法。

（4）应用实例。A、B、C、D、E 分别为五个集中负荷点，其有功功率和坐标如图 6-1 所示。A 点有功功率为 135kW，坐标为（10，10）；B 点有功功率为 50kW，坐标为（70，30）；C 点有功功率为 30kW，坐标为（120，75）；D 点有功功率为 40kW，坐标为（40，90）；E 点有功功率为 63kW，坐标为（25，60）。各点负荷功率因数均为 0.85，试确定其负荷中心 O 位置，并按功率损耗最小方案、导线总重量最小方案确定配电变压器安装位置。

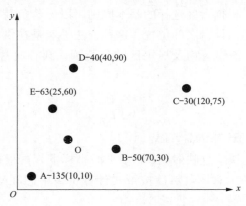

图 6-1　负荷分布与台区位置选择

1）确定各负荷点供电导线型号。

额定电压按照 0.38kV 考虑，计算 A、B、C、D、E 各点的载流量要求如下

$$I_A = 135/0.38 = 355.26(A)$$

$$I_B = 50/0.38 = 131.58(A)$$

$$I_C = 30/0.38 = 78.95(A)$$

$$I_D = 40/0.38 = 105.26(A)$$

$$I_E = 63/0.38 = 165.79(A)$$

根据 LGJ 导线最高允许温度 70℃的载流量，确定各负荷点对应的导线截面，本例中各型号导线的电阻和电抗值按如下参数计算［实际应参照《工业与民用供配电设计手册（第四版）》］：

A：LGJ-120，电阻 0.335Ω/km，电抗 0.27Ω/km。

B：LGJ-35，电阻 0.38Ω/km，电抗 0.91Ω/km。

C：LGJ-16，电阻 0.404Ω/km，电抗 1.96Ω/km。

D：LGJ-25，电阻 0.39Ω/km，电抗 1.27Ω/km。

E：LGJ-35，电阻 0.38Ω/km，电抗 0.91Ω/km。

2）按负荷中心选址计算位置，确定负荷中心位置，计算过程如下

$$\begin{cases} x = \dfrac{P_1 x_1 + P_2 x_2 + P_3 x_3 + P_4 x_4 + P_5 x_5}{P_1 + P_2 + P_3 + P_4 + P_5} \\ \quad = \dfrac{135 \times 10 + 50 \times 70 + 30 \times 120 + 40 \times 40 + 63 \times 25}{135 + 50 + 30 + 40 + 63} = 36.6 \\ y = \dfrac{P_1 y_1 + P_2 y_2 + P_3 y_3 + P_4 y_4 + P_5 y_5}{P_1 + P_2 + P_3 + P_4 + P_5} \\ \quad = \dfrac{135 \times 10 + 50 \times 30 + 30 \times 75 + 40 \times 90 + 63 \times 60}{135 + 50 + 30 + 40 + 63} = 39.3 \end{cases}$$

3）计算各线路的电压损耗，结果如表 6-1 所示。

4）计算各线路的有功功率损耗，结果如表 6-1 所示。

表 6-1　　　　　　　　　　　　　　　各 方 案 比 选

位置	参数	A	B	C	D	E	合计
O	l	39.50	34.70	90.78	50.87	23.76	239.61
	ΔU	7.05	4.31	3.77	6.30	2.66	—
	ΔP	6.71	0.96	1.26	1.12	1.04	11.09
	W	18.96	4.86	5.81	5.09	3.33	38.04
A	l	0.00	63.25	127.77	85.44	52.20	328.66
	ΔU	0.00	8.94	20.85	12.66	9.29	—
	ΔP	0.00	5.47	4.77	6.33	7.48	24.05
	W	0.00	8.85	8.18	8.54	7.31	32.88
B	l	63.25	0.00	67.27	67.08	54.08	251.68
	ΔU	12.07	0.00	10.98	9.94	9.63	—
	ΔP	8.97	0.00	4.26	5.61	7.69	26.53
	W	30.36	0.00	4.31	6.71	7.57	48.94
C	l	127.77	67.27	0.00	81.39	96.18	372.61
	ΔU	24.38	9.51	0.00	12.06	17.13	—
	ΔP	17.84	5.73	0.00	6.19	11.75	41.50
	W	61.33	9.42	0.00	8.14	13.46	92.35
D	l	85.44	67.08	81.39	0.00	33.54	267.46
	ΔU	16.30	9.48	13.28	0.00	5.97	—
	ΔP	12.05	5.72	4.43	0.00	5.18	27.39
	W	41.01	9.39	5.21	0.00	4.70	60.31
E	l	52.20	54.08	96.18	33.54	0.00	236.00
	ΔU	9.96	7.64	15.69	4.97	0.00	—
	ΔP	7.42	4.84	4.57	3.67	0.00	20.51
	W	25.06	7.57	6.16	3.35	0.00	42.14

5）计算各线路的导线质量，导线质量按照每 $1mm^2$ 截面导线质量为 $0.004kg/m$〔本例中导线质量按该标准计算，实际应参照《工业与民用供配电设计手册（第四版）》计算〕。

将台区位置分别选 A、B、C、D、E、O 的六种方案进行对标，得到如表 6-1 所示计算结果。

对上述结果进行分析：配电变压器台区位置在 C 点时，负荷 A 的电压损失最大，为 24.38V，$\Delta U_{Amax}=6.4\%$，各位置的电压损失率均在允许范围内；线路总长度最小的方案是在配电变压器台区位置设 E 点，$l=236m$；功率损耗最小的方案是配电变压器台区位置设在 O 点，$\sum\Delta P=11.09kW$；导线总重量最小的方案是配电变压器台区位置设在 A 点，$\sum W=32.88kg$。

可以看出，按负荷中心确定配电变压器台区位置，仅是满足功率损耗最小的条件，而不是综合比较的唯一条件。

6.2.2 配电变压器及其容量选定

6.2.2.1 配电变压器选择

（1）配电变压器型式选择。配电变压器的型式按照 6-2 所示选择。

表 6-2　　　　　　　　　　　　　　配电台区型式选择

类型	特点	适用范围
柱上变压器	经济、简单，运行条件差	容量小（400kVA 及以下）
箱式变电站	占地少，造价居中，运行条件较差	配电室建设改造困难地区
配电室	运行条件好，扩建性好，占地面积大，造价高	小区配套，商业办公，企业

（2）配电变压器的台数。供电可靠性要求较高电力用户及住宅配套配电室一般选择不低于 2 台配电变压器，单台容量不宜大于 1000kVA。

（3）变压器联结组别的选择。柱上变压器满足三相负荷基本平衡，其低压中性线电流不超过绕组额定电流 25％且供电系统中谐波干扰不严重时，可选用 Yy0 接法的变压器。

三相负荷不平衡，造成中性线电流超过变压器低压绕组额定电流 25％或供电系统中存在较大的"谐波源"时，应选用 Dyn11 接法的变压器。

6.2.2.2 负载率选定

（1）负载率计算。配电变压器的容量应结合其负载率综合选定。配电变压器负载率是指配电变压器实际最大视在功率与变压器额定容量的比值，它是衡量配电变压器运行效率和运行安全的重要指标，对变压器容量选择、台数确定和电网结构具有重要影响，计算公式如下

$$k_{fz} = \frac{S_{max}}{S_e} \times 100\%$$

式中　k_{fz}——配电变压器的负载率，％；

　　S_{max}——变压器的实际最大视在功率，kVA；

　　S_e——变压器的额定容量，kVA。

负载率是评估元件供电能力的重要指标。通常，在正常运行方式的最大负荷下，当配电变压器负载率低于 20％则称为轻载运行，设备利用率偏低；当配电变压器负载率高于 80％则称为重载运行，设备的运行风险增加。规划设计中，应尽可能改善配电变压器的轻载或重载情况，保持配电变压器能够长期运行在经济安全的状态。同样，对于中压线路以及 110(66)kV、35kV 的变压器和线路，均可按照该方式分为轻载元件和重载元件，且应避免设备长期处于轻载或重载状态。

（2）按经济负载率选定。通常，配电变压器的负载率可按照经济负载率确定。经济负载率方案是根据变压器有功损耗（铜损和铁损），对变压器最高效率时负载系数求微分计算，确定变压器最高效率发生在 $d\eta/dk_{fz}=0$ 时，依此可将效率 η 对负载率 k_{fz} 微分并令其等于零，便可求得经济负载率 k_{zj} 如下

$$k_{zj} = \sqrt{\frac{P_0}{P_k}}$$

式中　P_0——配电变压器的空载损耗，kW；

　　P_k——配电变压器的额定负载损耗，kW。

在运行中，变压器磁化过程中的空载无功损耗及变压器绕组电抗中的短路无功损耗，导致在供给这部分无功损耗时又增加了变压器的有功损耗，因此计及该部分损耗的经济负载率计算公式如下

$$k_{zj} = \sqrt{\frac{P_0 + K_Q Q_0}{P_k + K_Q Q_k}} = \sqrt{\frac{P_0 + K_Q I_{0(\%)} S_e \times 10^{-2}}{P_k + K_Q U_{k(\%)} S_e \times 10^{-2}}}$$

式中　P_0——配电变压器的空载损耗，kW；

　　　Q_0——配电变压器的空载无功损耗，kvar；

　　　P_k——配电变压器额定负载损耗，kW；

　　　Q_k——额定负载漏磁功率，kvar；

　　$I_0(\%)$——变压器空载电流百分比，%；

　　$U_k(\%)$——短路电压百分比，%；

　　　S_e——变压器额定容量，kVA；

　　　K_Q——无功经济当量，kW/kvar，$K_Q = \Delta P / \Delta Q$，其值见表6-3。

表 6-3　　　　　　　　　　　　　变压器无功经济当量值

变压器位置	K_Q(kW/kvar)	
	最大负载	最小负载
变压器直接由发电厂母线供电	0.02	0.02
工业、企业、城市 6～10kV 直接由发电机母线供电	0.07	0.04
工业、企业、城市 6～10kV 由系统电网供电	0.15	0.10
区域电网有电力电容器补偿	0.08	0.05

（3）应用实例。设有一台 10kV 变压器，其参数为 $S_n = 315$kVA、$P_0 = 0.76$、$P_k = 4.8$、$U_{k(\%)} = 4$、$I_{0(\%)} = 1.4$，试确定该变压器经济负载率。

如果只计算有功功率损耗时，则按以下公式计算

$$k_{zj} = \sqrt{\frac{P_0}{P_k}} = \sqrt{\frac{0.76}{4.8}} = 0.398$$

$$S_{zj} = k_{zj} \times S_n = 0.398 \times 315 = 125.3(\text{kVA})$$

考虑综合损耗时，参照表6-3，按照工、企、城市 10kV 系统电网供电的最小负载率考虑，$K_Q = 0.1$

$$k_{zj} = \sqrt{\frac{0.76 + 0.1 \times 1.4 \times 315 \times 10^{-2}}{4.8 + 0.1 \times 4 \times 315 \times 10^{-2}}} = 0.445$$

$$S_{zj} = k_{zj} \times S_n = 0.445 \times 315 = 140.2(\text{kVA})$$

6.2.2.3　容量确定

（1）基本原则。应考虑电力用户用电设备安装容量、计算负荷，并结合用电特性、设备同时系数等因素后确定用电容量。

对于用电季节性较强、负荷分散性大的中压电力用户，可通过增加变压器台数、降低单台容量来提高运行的灵活性，解决淡季和低谷负荷期间变压器经济运行的问题。

（2）配置方法。电力用户变压器容量的配置公式如下

$$S = \frac{P_{js}}{\cos\varphi \times k_{fz}}$$

式中 S——变压器总容量确定参考值，kVA；

  $\cos\varphi$——功率因数；

  k_{fz}——所带配电变压器的负载率。

1）普通电力用户变压器总容量配置。P_{js}表示最大计算负荷，单路单台变压器供电时，负载率k_{fz}可按70%～80%计算，双路双台变压器时，可按50%～70%计算。

2）重要电力用户和有足够备用容量要求的电力用户变压器容量配置。P_{js}表示最大计算负荷，参照《无功补偿配置标准》部分中有关规定执行，功率因数取0.95，k_{fz}可按低于50%计算。

3）居民住宅小区变压器总容量配置。P_{js}为住宅、公寓、配套公建等折算到配电变压器的用电负荷（kW），功率因数可取0.95，k_{fz}为配电变压器的负载率，一般可取50%～70%。

配电变压器容量的确定，应参照配电变压器容量序列向上取最相近容量的变压器，确定后按两台配置，一般公用配电室单台变压器容量不超过1000kVA。

6.2.3 电网结构主要原则

（1）中压配电网应根据变电站位置、负荷密度和运行管理的需要，分成若干个相对独立的供电区。分区应有大致明确的供电范围，正常运行时一般不交叉、不重叠，分区的供电范围应随新增加的变电站及负荷的增长而进行调整。10kV线路供电半径应满足末端电能质量的要求，原则上，A+、A、B类供电区域供电半径不宜超过3km；C类不宜超过5km；D类不宜超过15km；E类供电区域供电半径应根据需要经计算确定。

（2）对于供电可靠性要求较高的区域，还应加强中压主干线路之间的联络，在分区之间构建负荷转移通道。

（3）10kV架空线路主干线应根据线路长度和负荷分布情况进行分段（一般不超过5段），并装设分段开关，重要分支线路首端亦可安装分段开关。

（4）10kV电缆线路一般可采用环网结构，环网单元通过环入环出方式接入主干网。

（5）双射式、对射式可作为辐射状向单环式、双环式过渡的电网结构，适用于配电网的发展初期及过渡期。

（6）应根据城乡规划和电网规划，预留目标网架的通道，以满足配电网发展的需要。

6.2.4 主要结构

中压配电网结构主要有：双环式、单环式、多分段适度联络和辐射状结构。

6.2.4.1 架空网网架结构

中压架空网的典型接线方式主要有辐射式、多分段单联络、多分段适度联络3种类型。

（1）辐射式。辐射式接线示意图如图6-2所示。

图6-2 辐射式接线示意图

辐射式接线简单清晰、运行方便、建设投资低。当线路或设备故障、检修时，电力用户停电范围大，但主干线可分为若干（一般2～3）段，以缩小事故和检修停电范围；当电源故障时，将导致整条线路停电，供电可靠性差，不满足$N-1$要求，但主干线正常运行时的负载率可达到100%。有条件或必要时，可发展过渡为同站单联络或异站单联络。

辐射式接线一般仅适用于负荷密度较低、电力用户负荷重要性一般、变电站布点稀疏的地区。

（2）多分段单联络。多分段单联络是通过一个联络开关，将来自不同变电站（开关站）的中压母线或相同变电站（开关站）不同中压母线的两条馈线连接起来。一般分为本变电站单联络和变电站间单联络两种，如图6-3所示。

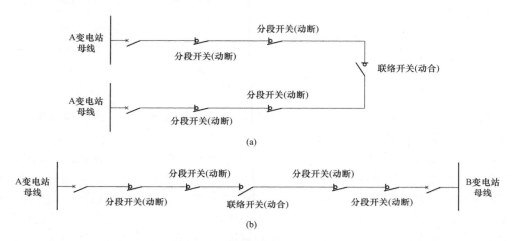

图 6-3　多分段单联络接线示意图
(a) 本变电站单联络；(b) 变电站间单联络

多分段单联络结构中任何一个区段故障，闭合联络开关，将负荷转供到相邻馈线完成转供。该接线形式满足$N-1$要求，主干线正常运行时的负载率仅为50%。

多分段单联络结构的最大优点是可靠性比辐射式接线模式高，接线简单、运行比较灵活。线路故障或电源故障时，在线路负荷允许的条件下，通过切换操作可以使非故障段恢复供电，线路的备用容量为50%。但由于考虑了线路的备用容量，线路投资将比辐射式接线有所增加。

（3）多分段适度联络。采用环网接线开环运行方式，分段与联络数量应根据电力用户数量、负荷密度、负荷性质、线路长度和环境等因素确定，确定线路分段及联络数量，线路装接总量宜控制在12000kVA以内。

三分段两联络结构是通过两个联络开关，将变电站的一条馈线与来自不同变电站（开关站）或相同变电站不同母线的其他两条馈线连接起来，如图6-4所示。

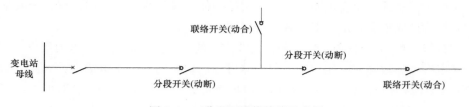

图 6-4　三分段两联络接线示意图

在满足 $N-1$ 的前提下，主干线正常运行时的负载率可达到 67%。该接线结构相比于单联络最大的优势是可以有效提高线路的负载率，降低不必要的备用容量。

三分段三联络是通过三个联络开关，将变电站的一条馈线与来自不同变电站或相同变电站不同母线的其他三条馈线连接起来。任何一个区段故障，均可通过联络开关将非故障段负荷转供到相邻线路。如图 6-5 所示。

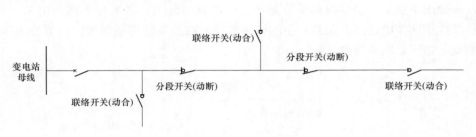

图 6-5 三分段三联络接线示意图

在满足 $N-1$ 的前提下，主干线正常运行时的负载率可达到 75%。该接线结构适用于负荷密度较大，可靠性要求较高的区域。

6.2.4.2 电缆网网架结构。中压电缆网的典型接线方式主要有单射式、双射式、对射式、单环式、双环式、N 供一备 6 种。

（1）单射式。单射式是自一个变电站或一个开关站的一条中压母线引出一回线路，形成单射式接线方式。该接线方式不满足 $N-1$ 要求，但主干线正常运行时的负载率可达到 100%。考虑到用户自然增长的增容需求，负载率一般控制在 80%。单射式接线示意图如图 6-6所示。

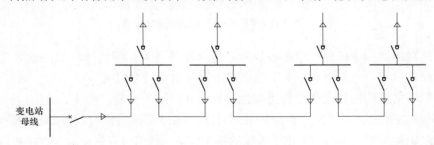

图 6-6 单射式接线示意图

单射式是电网建设初期的一种过渡结构，可过渡到单环网、双环网或 N 供一备等接线方式，单射式电缆网的末端应临时接入其他电源，甚至是附近的架空网，避免电缆故障造成停电时间过长。

（2）双射式。双射式接线是自一个变电站或一个开关站的不同中压母线引出双回线路，形成双射接线方式；或一个变电站和一个开关站的任一段母线引出双回线路，公共配电室和电力用户则均为两路电源，形成双射式接线如图 6-7 所示。

双射式接线一般为双环式或 N 供一备接线方式的过渡方式。由于对电力用户采用双回路供电，一条电缆本体故障时，用户配电变压器可自动切换到另一条电缆上，因此电力用户能够满足 $N-1$ 要求，但要求主干线正常运行时最大负载率不能大于 50%。双射式适用于对供电可靠性要求较高的普通电力用户，一般采用同一变电站不同母线引出双回电源。

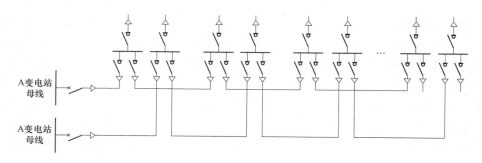

图 6-7　双射式接线示意图

（3）对射式。对射式接线是自不同方向的两个变电站（或两个开关站）的中压母线馈出单回线路组成对射式接线，公共配电室和电力用户均为两路电源，如图 6-8 所示。

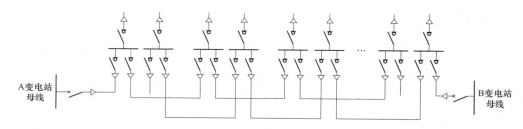

图 6-8　双侧电源对射式接线示意图

对射式接线与双射式接线相类似，为双环式或 N 供一备接线方式的过渡方式。由于对电力用户采用双回路供电，一条电缆故障时，电力用户配电变压器可自动切换到另一条电缆上，因此电力用户能够满足 N−1 要求，但要求主干线正常运行时最大负载率不能大于 50%。对射式接线除能够满足电力用户 N−1 的要求外，还能抵御变电站故障全停造成的风险。

（4）单环式。单环式是自两个变电站的中压母线（或一个变电站的不同中压母线）或两个开关站的中压母线（或一个开关站的不同中压母线）或同一供电区域一个变电站和一个开关站的中压母线馈出单回线路构成单环网，开环运行，为公共配电室和电力用户提供一路电源，如图 6-9 所示。

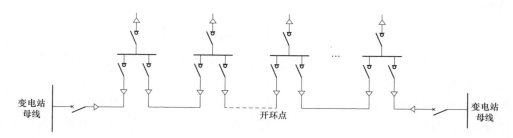

图 6-9　单环式（双侧电源）接线示意图

单环式的环网节点一般为环网单元或开关站，与架空单联络相比它具有明显的优势，由于各个环网点都有两个负荷开关（或断路器），可以隔离任意一段线路的故障，客户的停电时间大为缩短。同时，任何一个区段故障，闭合联络开关，将负荷转供到相邻馈线完成转供。在这种接线模式中，线路的备用容量为 50%。一般采用异站单环接线方式，不具备条件时采用同站不同母线单环接线方式。单环式接线主要适用于城市区域，对环网点处的环网开关考虑预留，随着电网的发展，通过在不同的环之间建立联络，就可以发展为更为复杂的接线模式（如双环式）。

通常，电缆网的故障概率非常低，修复时间却很长（通常在 6h 以上）。单环网可以在无需修复故障点的情况下，通过短时（人工操作的时间一般在 30min，配电自动化时间一般在 5min）的倒闸操作，实现对非故障区间负荷恢复供电。以不同变电站为电源的单环网能抵御变电站故障全停造成的风险。

（5）双环式。双环式是自两个变电站（开关站）的不同段母线各引出一回线路或同一变电站的不同段母线各引出线路，构成双环式接线方式，双环式可以为公共配电室和电力用户提供两路电源。如果环网单元采用双母线不设分段开关的模式，双环网本质上是两个独立的单环网，如图 6-10 所示。

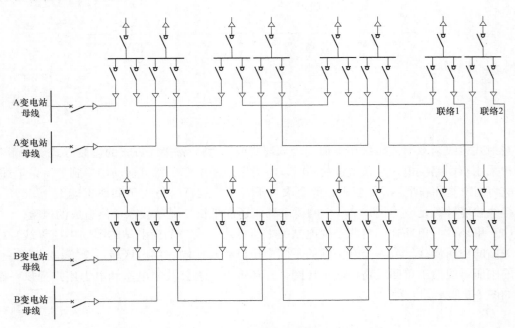

图 6-10　双侧电源双环式接线示意图

采用双环式结构的电网中可以串接多个开关站，形成类似于架空线路的分段联络接线模式，这种接线当其中一条线路故障时，整条线路可以划分为若干部分被其余线路转供，供电可靠性较高，运行较为灵活。双环式可以使客户同时得到两个方向的电源，满足从上一级 10kV 线路到客户侧 10kV 配电变压器的整个网络的 $N-1$ 要求，主干线正常运行时的负载率为 50%。双环式接线适用于城市核心区、繁华地区，重要电力用户供电以及负荷密度较高、可靠性要求较高的区域。

双环式结构具备了对射网、单环网的优点，供电可靠性水平较高，且能够抵御变电站故障全停造成的风险。双环网所带负荷与对射网、单环网基本相同，但间隔占用较多，电缆长度有所增加，投资相对较大。对于 A+、A 类区域这类重要负荷密集区，宜选择双环式结构。

（6）N 供一备。N 供一备是指 N 条电缆线路连成电缆环网运行，另外 1 条线路作为公共备用线。非备用线路可满载运行，若有某 1 条运行线路出现故障，则可以通过切换将备用线路投入运行，如图 6-11 所示。

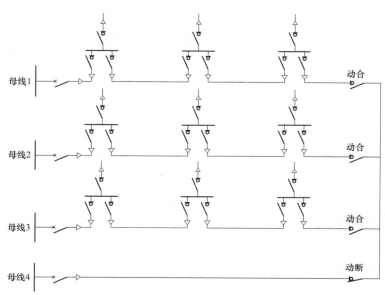

图 6-11　N 供一备接线示意图

N 供一备结构线路的利用率为 $\dfrac{N}{N+1}$，随着供电线路条数 N 值的不同，电网的运行灵活性、可靠性和线路的平均负载率均有所不同。虽然 N 越大，负载率越高，但是运行操作复杂，当 N 大于 4 时，接线结构比较复杂，操作繁琐，同时联络线的长度较长，投资较大，线路负载率提高的优势也不再明显。N 供一备接线方式适用于负荷密度较高、较大容量电力用户集中、可靠性要求较高的区域，建设备用线路亦可作为完善现状网架的改造措施，用来缓解运行线路重载，以及增加不同方向的电源。

6.2.5　接线方式选择

当中压配电网的上级电源发生变电站全停或同路径双电源同时故障时，中压电网结构的抵御能力如下：

（1）单电源网络无法抵御变电站全停故障。

（2）10kV 架空网为多分段单联络时，联络开关的另一电源与该架空网电源来自同一变电站时，变电站全停后无法恢复供电。联络开关的另一电源与该架空网电源来自不同变电站时，变电站全停后通过合入联络开关恢复供电。后者的风险明显小于前者。

（3）10kV 架空网为多分段适度联络时，联络开关的其他电源与该架空网电源来自同一变电站时，变电站全停后无法恢复供电。

（4）10kV 电缆双射网变电站全停后无法恢复供电。由于双射网的电缆绝大多数为同路径敷设，路径故障发生时，故障点前的负荷可以在隔离故障点后恢复供电，故障点后的负荷无法恢复供电。但对射网在变电站全停及路径故障后，全部负荷均可在隔离故障点后恢复供电。

（5）10kV 单环网具有与对射网相同的抗风险能力，而双射网的抗风险能力与对射网、单环网相比较弱。

通常，同一地区同类供电区域的电网结构应尽量统一，各类供电区域 10kV 配电网目标电网结构推荐表如表 6-4 所示。

表 6-4   **10kV 配电网目标电网结构推荐表**

供电区域类型	推荐电网结构
A+、A 类	电缆网：双环式、单环式
	架空网：多分段适度联络
B 类	架空网：多分段适度联络
	电缆网：单式
C 类	架空网：多分段适度联络
	电缆网：单式
D 类	架空网：多分段适度联络、辐射式
E 类	架空网：辐射式

6.2.6 目标网架过渡

中压配电网应根据地方经济发展对供电能力和供电可靠性的要求，通过电网建设和改造，逐步过渡到目标网架，过渡方案如下：

6.2.6.1 架空网结构发展过渡

对于辐射式接线，在过渡期可采用首端联络以提高供电可靠性，条件具备时可过渡为变电站站内或变电站站间多分段适度联络。变电站站内单联络指由来自同一变电站的不同母线的两条线路末端联络，一般适用于电网建设初期，对供电可靠性有一定要求的区域。具备条件时，可过渡为来自不同变电站的线路末端联络，在技术上可行且改造费用低。

6.2.6.2 电缆网结构发展过渡

（1）单射式。单射式在过渡期间可与架空线联络，以提高其供电可靠性，随着网络逐步加强，该接线方式需逐步演变为单环式接线，在技术上可行且改造费用低。大规模公用网，尤其是架空网逐步向电缆网过渡的区域，可以在规划中预先设计好接线模式及线路走廊。在实施中，先形成单环网，注意尽量保证线路上的负荷能够分布均匀，并在适当环网点处预留联络间隔。随负荷水平的不断提高，再按照规划逐步形成双环网，满足供电要求。

（2）双射式。双射式在过渡期要做好防外力的措施，以提高其供电可靠性，有条件时可发展为对射式、双环式或 N 供一备，在技术上可行且改造费用较低。

10kV 架空及电缆电网结构过渡方式如图 6-12 所示。

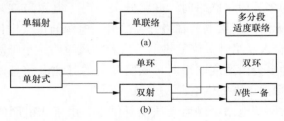

图 6-12   10kV 电网结构过渡方式示意图
（a）10kV 架空网结构过渡；（b）10kV 电缆网结构过渡

6.2.7   供电安全标准

根据 DL/T 256《城市电网供电安全标准》，中压配电线路的供电安全标准属于二级标准，对应的组负荷范围在 2～12MW，其供电安全水平要求如下：

（1）对于停电范围在 2～12MW 的组负荷，其中不小于组负荷减 2MW 的负荷应在 3h 内恢复供电；余下的负荷允许故障修复后恢复供电，恢复供电的时间与故障修复时间相同。

（2）该级停电故障主要涉及中压线路故障，停电范围仅限于故障线路上的负荷，而该中压线路的非故障段应在 3h 内恢复供电，故障段所带负荷应小于 2MW，可在故障修复后恢复供电。

（3）A＋类供电区域的故障线路的非故障段应在 5min 内恢复供电，A 类供电区域的故障线路的非故障段应在 15min 内恢复供电，B、C 类供电区域的故障线路的非故障段应在 3h 内恢复供电。

（4）该级标准要求中压线路应合理分段，每段上的负荷不宜超过 2MW，且线路之间应建立适当的联络。

提升中压配电网供电安全水平，可采用线路合理分段、适度联络，以及配电自动化、不间断电源、备用电源、不停电作业等技术手段。

6.2.8   电力线路

6.2.8.1   导线选择原则
（1）10kV 配电网主干线截面宜综合饱和负荷状况、线路全寿命周期一次选定。

（2）在市区、城镇、林区、人群密集区域、线路走廊狭窄等地区，如架设常规裸导线与建筑物间的距离不能满足安全要求，宜采用架空绝缘线路。

（3）导线截面选择应系列化，同一规划区的主干线导线截面不宜超过 3 种。

6.2.8.2   上下级协调原则
配电系统各级容量应保持协调一致，上一级主变压器容量与 10kV 出线间隔及线路导线截面应相互配合。一般可参考表 6-5。

表 6-5   主变压器容量与 10kV 出线间隔及线路导线截面配合推荐表

35～110kV 主变压器容量（MVA）	10kV 出线间隔数	10kV 主干线截面（mm²）		10kV 分支线截面（mm²）	
		架空	电缆	架空	电缆
63	12 及以上	240、185	400、300	150、120	240、185
50、40	8～14	240、185、150	400、300、240	150、120、95	240、185、150
31.5	8～12	185、150	300、240	120、95	185、150
20	6～8	150、120	240、185	95、70	150、120
12.5、10、6.3	4～8	150、120、95	—	95、70、50	—
3.15、2	4～8	95、70	—	50	—

6.2.9   中性点接地选择

6.2.9.1   接地方式
中压配电网的接地方式一般按照表 6-6 所示选择。

表 6-6　　　　　　　　　　　中压配电网的接地方式选择

电压等级	电容电流	接地方式
10kV	单相接地故障电容电流在 10A 及以下	中性点不接地
	单相接地故障电容电流在 10～150A	中性点经消弧线圈接地
	单相接地故障电容电流达到 150A 以上	中性点经低电阻接地

10kV 电缆和架空混合型配电网，如采用中性点经低电阻接地方式，应采取以下措施：

（1）提高架空线路绝缘化程度，降低单相接地跳闸次数。

（2）完善线路分段和联络，提高负荷转供能力。

（3）降低配电网设备、设施的接地电阻，将单相接地时的跨步电压和接触电压控制在规定范围内。

6.2.9.2　接地参数

10kV 电缆线路单相接地时电容电流的单位值如表 6-7 所示。

表 6-7　　　　　　　10kV 电缆线路单相接地电容电流　　　　　　　A/km

导线截面（mm²）	单相 10kV 接地电容电流
10	0.46
16	0.52
25	0.62
35	0.69
50	0.77
70	0.9
95	1.0
120	1.1
150	1.3
185	1.4

6.3　低压配电网规划

6.3.1　供电制式

低压配电网的供电制式主要有单相两线制、三相三线制和三相四线制，具体见表 6-8 所示。

表 6-8　　　　　　　　　　低压配电网常用供电制式

低压配电网常用供电制式	接线方式示意图	单位长度线损	适用范围
单相两线制		$2I_M^2\gamma\tau/S$	一般单相负荷用电
三相三线制		$3I_M^2\gamma\tau/S$	三相电动机专用配电线

低压配电网常用供电制式	接线方式示意图	单位长度线损	适用范围
三相四线制		$3.5I_{M\gamma}^2\tau/S$	农村、城镇的一般低压配电网

6.3.2 网络结构

6.3.2.1 基本原则

低压配电网网络规划应结合上级网络,满足供电能力和电能质量的要求,基本原则如下:

(1) 低压配电网应实行分区供电,低压线路应有明确的供电范围。

(2) 低压配电网应接线简单、操作方便、运行安全,具有一定灵活性和适应性,主干线宜一次建成。

(3) 220/380V 线路供电半径应满足末端电压质量的要求。原则上 A+、A 类供电区域供电半径不宜超过 150m,B 类不宜超过 250m,C 类不宜超过 400m,D 类不宜超过 500m,E 类供电区域供电半径应根据需要通过计算确定。

(4) 自变压器二次侧馈线开关至用电设备之间的低压配电级数不宜超过三级。

(5) 低压线路应推广采用绝缘导线供电。导线截面选择应系列化,同一规划区内主干线导线截面不宜超过 3 种。

(6) 低压线路主干线、次主干线和各分支线的末端零线应进行重复接地。三相四线制接户线在入户支架处,零线也应重复接地。

(7) 低压配电网采用电缆线路的要求原则上和中压配电网相同,可采用排管、沟槽、直埋等敷设方式。穿越道路时,应采用抗压力保护管。

各类供电区域 220/380V 主干线路导线截面一般可参考表 6-9。

表 6-9   **线路导线截面推荐表**

线路形式	供电区域类型	主干线（mm²)
电缆线路	A+、A、B、C 类	≥120
架空线路	A+、A、B、C 类	≥120
	D、E 类	≥50

6.3.2.2 开式低压网络

开式低压网络由单侧电源采用放射式、干线式或链式供电,它的优点是投资小、接线简单、安装维护方便,但缺点是电能损耗大、电压低、供电可靠性差以及适应负荷发展较困难。

(1) 放射式低压网络。由配电变压器低压侧引出多条独立线路供给各个独立的用电设备或集中负荷群的接线方式，称为放射式接线，如图 6-13 所示。

该接线方式具有配电线故障互不影响、供电可靠性较高、配电设备集中、检修比较方便的优点，但系统灵活性较差、导线金属耗材较多，这种接线方式适用场合包括以下：

1）单台设备容量较大、负荷集中或重要的用电设备。

2）设备容量不大，并且位于配电变压器不同方向。

3）负荷配置较稳定；

4）负荷排列不整齐。

（2）干线式低压网络。

1）干线式低压配电网：该接线方式不必在变电站低压侧设置低压配电盘，而是直接从低压引出线经低压断路器和负荷开关引接，减少了电气设备的数量。如图 6-14 所示。配电设备及导线金属耗材消耗较少，系统灵活性好，但干线故障时影响范围大。

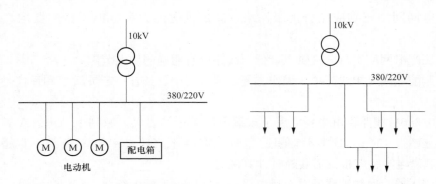

图 6-13　放射式低压配电网　　　　图 6-14　干线式低压配电网

这种接线适用于以下场合：

a. 数量较多，而且排列整齐的用电设备；

b. 对供电可靠性要求不高的用电设备，如机械加工、铆焊、铸工和热处理等。

2）变压器—干线配电网：主干线由配电变压器引出，沿线敷设，再由主干线引出干线对用电设备供电。如图 6-15 所示。这种网络比一般干线式配电网所需配电设备更少，从而使变电站结构大为简化，投资大为降低。

采用这种接线时，为了提高主干线的供电可靠性，应适当减少接出的分支回路数，一般不超过 10 个。对于频繁启动、容量较大的冲击负荷以及对电压质量要求严格的用电设备，不宜用此方式供电。

3）备用柴油发电机组：该接线方式以 10kV 专用架空线路为主电源，快速自启动型柴油发电机组做备用电源，如图 6-16 所示。

采用这种接线时，应注意以下问题：

a. 与外网电源间应设机械与电气联锁，不得并网运行；

b. 避免与外网电源的计费混淆；

c. 在接线上要具有一定的灵活性，以满足在正常停电（或限电）情况下能供给部分重要负荷用电。

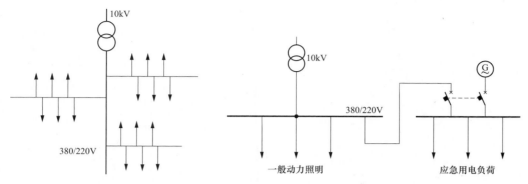

图 6-15　变压器—干线配电网　　　　　　图 6-16　备用柴油发电机组

（3）链式低压网络。链式接线的特点与干线式基本相同，适用彼此相距很近、容量较小的用电设备，链式相连的设备一般不宜超过 5 台，链式相连的配电箱不宜超过 3 台，且总容量不宜超过 10kW。供电给容量较小用电设备的插座采用链式配电时，每一条环链回路的数量可适当增加，如图 6-17 所示。

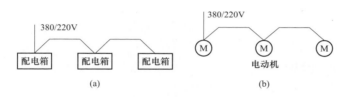

图 6-17　链式低压配电网
（a）连接配电箱；（b）连接电动机

6.3.2.3　闭式低压网络

低压网络主要采用开式结构，闭式结构一般不予推荐，但国外的个别地区有所应用，这里仅作介绍。闭式低压网络应用在有特殊低压供电需求的区域，包括三角形、星形、多边形及其他混合形等几种，如图 6-18 所示。

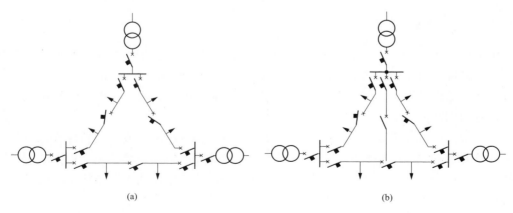

图 6-18　简单闭式接线网络（一）
（a）三角形；（b）星形

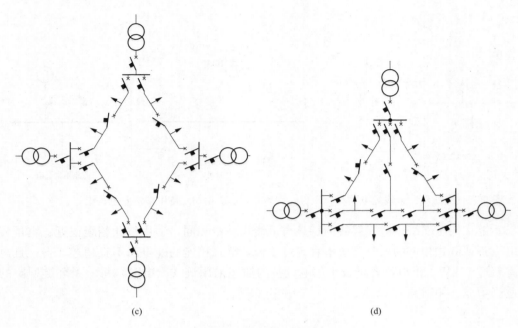

图 6-18　简单闭式接线网络（二）

（c）多边形；（d）混合形

简单闭式接线的主要特点如下：

（1）高压侧由多回路供电，电源可靠性较高；

（2）充分利用线路和变压器的容量，不必留出很大备用容量；

（3）在联络干线端和干线中部都装有熔断器。

采用简单闭式接线方式，必须具备以下条件：

（1）各对应边的阻抗应尽可能相等，以保证熔断器能选择性地断开；

（2）连在一起的变压器容量比，不宜大于 1∶2；

（3）短路电压比，不宜大于 10%；

（4）如从不同的电源引出，还应注意相位和相序关系。

6.3.3　供电安全标准

根据 DL/T 256《城市电网供电安全标准》，低压线路（包括配电变压器）的供电安全标准属于 1 级标准，对应的组负荷范围小于 2MW，其供电安全水平要求如下：

（1）对于停电范围不大于 2MW 的组负荷，允许故障修复后恢复供电，恢复供电的时间与故障修复时间相同。

（2）该级停电故障主要涉及低压线路故障、配电变压器故障，或采用特殊安保设计（如分段及联络开关均采用断路器，且全线采用纵差保护等）的中压线段故障。停电范围仅限于低压线路、配电变压器故障所影响的负荷、特殊安保设计的中压线段，中压线路的其他线段不允许停电。

（3）该级标准要求单台配电变压器所带的负荷不宜超过 2MW，或采用特殊安保设计的中压分段上的负荷不宜超过 2MW。

提升低压配电网（含配电变压器）供电安全水平，可采用双配电变压器配置或移动式配电变压器的方式。

6.3.4　中性点接地选择

6.3.4.1　系统接地型式

（1）接地系统定义。低压配电网主要采用 TN、TT、IT 接地方式，其中 TN 接地方式可以分为 TN-C-S、TN-S。用户应根据具体情况，选择接地系统。

各系统接地型式表示意义如下：

1）第一字母表示电源端与地的关系，其中：

T——电源端有一点直接接地；

I——电源端所有带电部分不接地或有一点通过阻抗接地。

2）第二个字母表示电气装置的外露可导电部分与地的关系：

T——电气装置的外露可导电部分直接接地，此接地点在电气上独立于电源端的接地点；

N——电气装置的外露可导电部分与电源端接地有直接电气连接。

3）横线后的字母用来表示中性导体与保护导体的组合情况：

S——中性导体和保护导体是分开的；

C——中性导体和保护导体是合一的。

（2）TN 系统。电源端有一点直接接地（通常是中性点），电气装置的外露可导电部分通过保护中性导体或保护导体连接到此接地点。

根据中性导体（N）和保护导体（PE）的组合情况，TN 系统的型式有以下三种：

1）TN-S 系统：整个系统的 N 线和 PE 线是分开的，如图 6-19 所示。

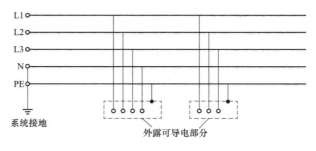

图 6-19　TN-S 系统

2）TN-C 系统：整个系统的 N 线和 PE 线是合一的（PEN 线），如图 6-20 所示。

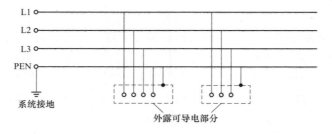

图 6-20　TN-C 系统

3) TN-C-S 系统：系统中一部分线路的 N 线和 PE 线是合一的，如图 6-21 所示。

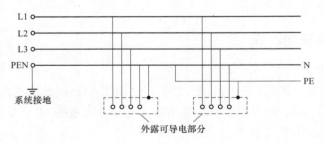

图 6-21　TN-C-S 系统

（3）TT 系统。电源端有一点直接接地，电气装置的外露可导电部分直接接地，此接地点在电气上独立于电源端的接地点，如图 6-22 所示。

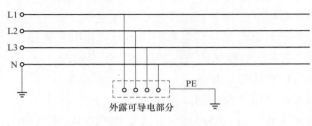

图 6-22　TT 系统

（4）IT 系统。电源端的带电部分不接地或有一点通过阻抗接地。电气装置的外露可导电部分直接接地，如图 6-23 所示。

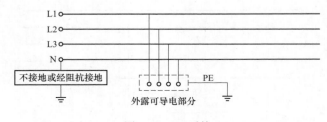

图 6-23　IT 系统

6.3.4.2　系统接地选用

（1）TN-C 系统的安全水平较低，对信息系统和电子设备易产生干扰，可用于有专业人员维护管理的一般性工业厂房和场所，一般不推荐使用。

（2）TN-S 系统适用于设有变电站的公共建筑、医院、有爆炸和火灾危险的厂房和场所、单相负荷比较集中的场所，数据处理设备、半导体整流设备和晶闸管设备比较集中的场所，洁净厂房，办公楼与科研楼，计算站，通信单位以及一般住宅、商店等民用建筑的电气装置。

（3）TN-C-S 系统宜用于不附设变电站的上述（2）项中所列建筑和场所的电气装置。

（4）TT 系统适用于不附设变电站的上述（2）项中所列建筑和场所的电气装置，尤其适用于无等电位连接的户外场所，例如户外照明、户外演出场地、户外集贸市场等场所的电气装置。

（5）IT 系统适用于不间断供电要求高和对接地故障电压有严格限制的场所，如应急电源装置、消防设备、矿井下电气装置、胸腔手术室以及有防火防爆要求的场所。

（6）由同一变压器、发电机供电的范围内 TN 系统和 TT 系统不能和 IT 系统兼容。分散的建筑物可分别采用 TN 系统和 TT 系统。同一建筑物内宜采用 TN 系统或 TT 系统中的一种。

6.3.5　接户线选择

根据 GB/T 2900.50《电工术语　发电、输电及配电通用术语》的规定，接户线是指从配电系统到用户装置的分支线路。一般而言，配电系统为 380V 架空线路或电缆分支箱，用户装置为用户电表。

接户线应符合国家、行业系统的各项相关规定，安全、经济、合理，因地制宜、规范布线。

接户线规划设计应满足以下原则：

（1）接户线的相线、中性线或保护线应从同一电杆引下，档距不应大于 25m，超过 25m 时应加装接户杆。

（2）每套住宅用电负荷不超过 12kW 时，应采用单相电源进户，每套住宅应至少配置一块单相电能表。

（3）每套住宅用电负荷超过 12kW 时，宜采用三相电源进户，电能表应按相序计量。

（4）当住宅套内有三相用电设备时，三相用电设备应配置三相电能表计量。

（5）套内单相用电设备应按（2）和（3）规定进行电能计量。

（6）三相负荷应分配均衡。

（7）接户线应采用绝缘线或电缆，进户后应加装断路器和漏电保护器。

（8）在多雷区，为防止雷电过电压沿接户线引入屋内，造成人身事故，应将接户线绝缘子铁脚接地。

6.4　中压配电网规划案例分析

以某区域为例，10kV 配电网规划过程如下。

6.4.1　10kV 配电网络规划原则的确定

（1）电网应按照计划正常方式和检修情况下的 $N-1$ 准则保证电网的安全性。正常方式和计划检修方式下，电网任一元件发生单一故障时，不应导致主系统非同步运行，不应发生频率崩溃和电压崩溃。任一电压等级的元件发生故障时，不应影响其上级电源的安全性。上级电网的供电可靠性应优于下级电网。

（2）10kV 配电网应标准化、模块化。配电网接线模式、配电站设计、线路选型应统一标准；宜以 2～4 座变电站的供电范围形成模块化的配电网供电区，每个供电区应有大致明确的供电范围，正常运行时一般不交叉、不重叠。

（3）10kV 配电网结构应具有较强的适应性，主干网导线截面应按中长期规划一次建成。

（4）下一级电网支撑上一级电网，通过优化网络接线提高变电站 10kV 出线利用率和负荷转移能力。

1）提高 10kV 线路负载率，以正常方式 $N-1$ 线路不过载为前提，确定每座开关站、环网站可供变压器容量。

2）10kV 配电网应具备变电站之间的负荷转移能力，10kV 配电网可转移负荷宜占变电站所供负荷的 50％以上。

3）110（35）kV 变电站每段 10kV 母线应至少有 1 回可由其他变电站倒送至本站的架空线或双并电缆线路（正常运行方式下带负荷），作为全站停电或检修方式 N-1 下的备用电源。可倒送线路宜采用大截面架空线（240mm²）或中心开关站的双并电缆进线。

（5）10kV 配电网供电半径（至建筑物进户点）：中心城区应不大于 1.5km；城市化地区应不大于 2km；农网地区根据负荷实际情况核算电压降（电压偏差值在额定电压的 −7％～ +7％的范围内），可适当放大。

（6）10kV 电缆网应以开关站为核心节点，形成单环网和双环网网络结构。10kV 架空网应采用多分段三联络接线模式，严格控制分段间节点数量、分段电流和所供变压器容量。变电站 10kV 纯电缆出线原则上仅供开关站，严格控制变电站直供用户专线或环网线路、拼仓。80MVA 主变容量的变电站应规划 35％以上的双并电缆出线。

（7）结合基建站投运等工程，改善 10kV 网络结构；结合业扩、更改等项目将变电站专线用户改接至配电站。配电网架在新建、改造时，应充分满足光纤通信方案和配电自动化的配置需求，光纤通信方案应结合配电网的结构制定。

（8）在规划设计时应对潮流和电压水平进行核算，10kV 电网电压允许偏差为 −7％～ +7％。控制 10kV 配电网线损为最低，短路电流小于 20kA。

（9）10kV 电缆宜采用排管或专用沟槽敷设方式。直埋敷设适用于易于开挖的人行道下和建筑物的边沿地带，并宜采用钢带铠装电缆。

（10）单段供电母线接地容性电流超过 100A 时，变电站 10kV 系统中性点宜采用小电阻接地方式，接地容性电流在 10～100A 之间时，可采用消弧线圈接地方式或小电阻接地方式，接地容性电流小于 10A 时，可采用不接地系统。10kV 中性点经小电阻接地系统的电力设备，应达到入地短路电流值为 1000A 的要求。

6.4.2 接线模式选取

对于 10kV 配电网络接线模式的选择有如下。

10kV 电缆网以开关站为核心节点，形成单环网、双环网接线结构。除少量负荷较高的直供用户、电缆环网及规定应由变电站直供的重要用户外，变电站 10kV 电缆出线只供给开关站，再由开关站转供环网站、用户的网络接线模式。

6.4.2.1 满足正常方式 $N-1$ 要求的接线模式

满足正常方式 $N-1$ 要求情况时可采用变电站直供终端开关站、终端开关站供终端开关站、中心开关站供终端开关站接线模式（模式一），其中中心开关站进线来自于变电站双并出线仓。

（1）变电站直供终端 K 型站接线。如图 6-24 所示，K 型站 2 回进线来自于不同 110(35)kV 变电站出线或同一 110(35)kV 变电站不同主变出线。

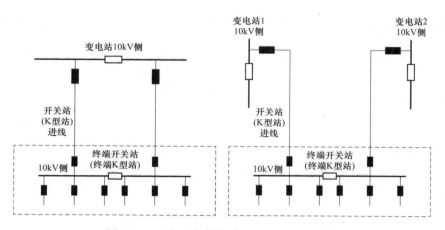

图 6-24　变电站直供终端 K 型站接线示意图

（2）终端 K 型站供终端 K 型站接线。如图 6-25 所示，由不同 110(35)kV 变电站出线或同一 110(35)kV 变电站不同主变出线供第一级终端 K 型站，电源线路设纵差保护。第一级终端 K 型站除供周边用户和 P 型站外，供下一级 1 座终端 K 型站。

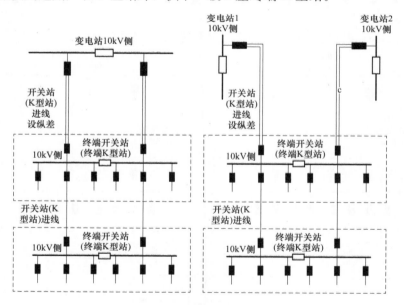

图 6-25　终端 K 型站供终端 K 型站接线示意图

（3）中心 K 型站供终端 K 型站接线（模式一）。如图 6-26 所示，不同 110(35)kV 变电站出线供中心 K 型站，线路设纵差保护，中心 K 型站宜只供下一级终端 K 型站。

6.4.2.2　满足检修方式 $N-1$ 要求的接线模式

满足检修方式 $N-1$ 要求时可采用终端 K 型站双环接线模式、中心 K 型站供终端 K 型站接线模式（模式二），其中中心 K 型站进线来自于变电站双并出线仓。

（1）终端 K 型站双环接线模式。如图 6-27 所示，由不同 110(35)kV 变电站出线或同一 110(35)kV 变电站不同主变出线供终端 K 型站，3～4 座终端 K 型站组成双环网，开环运行。

（2）中心 K 型站供终端 K 型站接线（模式二）。如图 6-28 所示，同一 110(35)kV 变电站不同主变出线供中心 K 型站，线路设纵差保护，下一级终端 K 型站电源进线来自不同中心 K 型站，可追溯至不同的 110(35)kV 变电站。

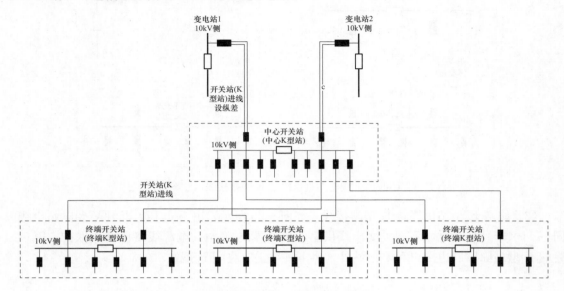

图 6-26　中心 K 型站供终端 K 型站接线示意图（模式一）

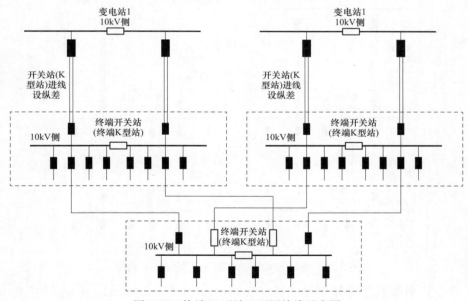

图 6-27　终端 K 型站双环网接线示意图

　　通过对上述接线模式的简单介绍，结合规划区规划地块的供电可靠性要求及保护环境的前提，在本次规划中推荐采用架空线多分段多联络、中心 K 型站供终端 K 型站接线（模式一）或终端 K 型站双环接线模式的接线模式。

6.4.3　配电站选择

　　10kV K 型站的建设应本着节约土地、美化环境的宗旨，尽量采用小型供电设备，缩小占地面积，降低高度，提高土地利用率，使开发商更易接受。根据相关规程的规定，上海电网中目前使用广泛的 10kV 的 K 型站有多种模式。

KT 型站：该型 K 型站 10kV 侧最终规模为二进十出，接线为单母线分段方式，站内设置 2 台 10kV 配变，K 型站由上一级变电站不同母线或不同变电站送来 2 回进线，每回线路最高负载率为 50%。站内 2 台配变的容量可视周边地区的低压负荷而定，低压侧有 8～12 回出线并带两台低压电容器柜，采用单母线分段接线方式，可向周边低压用户供电。接线模式如图 6-29 所示。

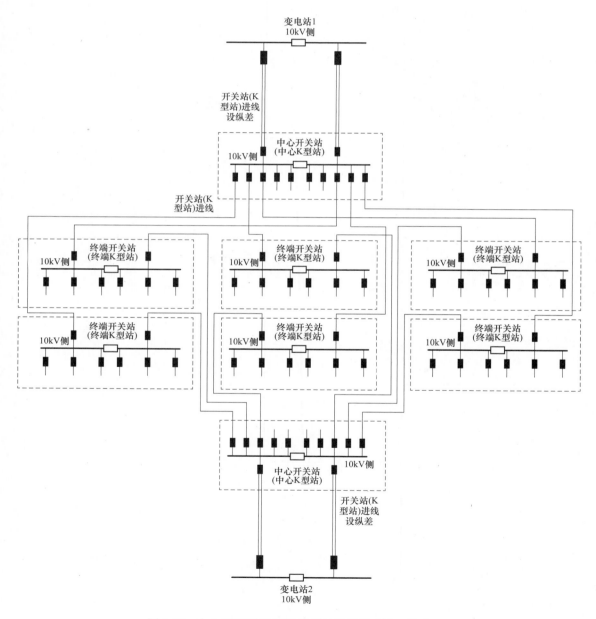

图 6-28　中心 K 型站供终端 K 型站接线示意图（模式二）

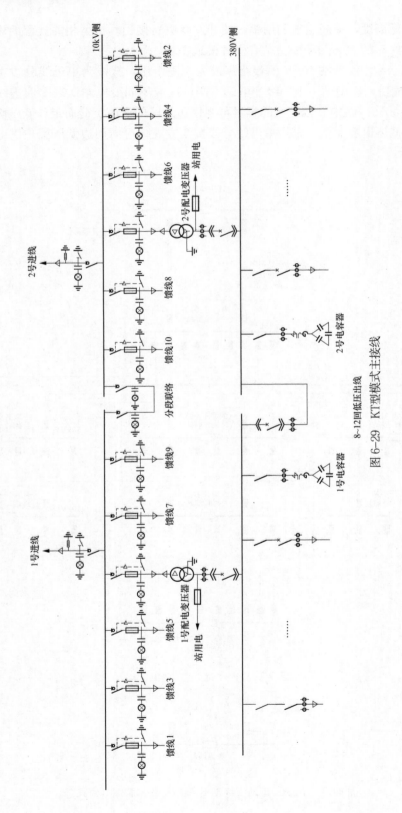

图 6-29　KT型模式主接线

KF 型站：该型 K 型站与 KT 型站的最大区别为 KF 型站内无 10kV 配变，其 10kV 侧与 KT 型站相同，可设置在周边 10kV 用户较多、低压用户较少的地区。接线模式如图 6-30 所示。

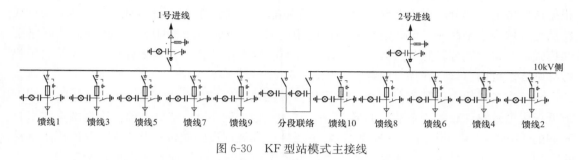

图 6-30　KF 型站模式主接线

6.4.4　10kV 线路型号选择

10kV 线路是配电网络中非常重要的元件，它的选择决定着整个配电系统是否能安全、经济、可靠的运行。

对于 10kV 线路的选择有如下。

终端开关站电源进线每回电缆截面一般可选用 3×400mm² 或双并 3×400mm² 截面电缆，中心开关站电源进线采用双并 3×400mm² 截面电缆。

中心开关站电源进线最终采用双并 3×400mm² 电缆，两回进线的总电流不应大于 800A（负荷不应大于 13.2MW）。中心开关站仅校验进线负荷，不需按所接变压器容量校核。初期中心开关站可采用两回 3×400mm² 电缆进线，当不满足正常方式 $N-1$ 负荷校验时，其进线可改造为双并电缆。

终端开关站电源进线采用 3×400mm² 电缆时，两回进线的总电流应不大于 400A（负荷应不大于 6.6MW），所供变压器容量不宜大于 16000kVA（住宅供电配套开关站不宜大于 19000kVA）；电源进线采用双并 3×400mm² 电缆时，可送电流或变压器容量相应增加一倍。

表 6-10 给出了 10kV 不同截面的线路的实际允许容量，该值已考虑了平行敷设的电缆之间的相互影响。

表 6-10　　　　　　　　　　不同截面 10kV 线路的供电容量

导线类型（mm²）	容量（kVA）
JKLYJ-185	7448
JKLYJ-240	9007
YJV-3×400	6928

根据上述规定，结合规划区所选择的 10kV 配电网络接线模式，选择出本次 10kV 配电网络规划所用线路为：新建 10kV 架空线采用 JKLYJ-240mm²，中心 K 型站进线采用双并 YJV-3×400mm² 电缆，终端 K 型站进线采用 YJV-3×400mm² 电缆。

6.4.5　远期 10kV 配电网络规划方案

根据规划区城市规划、区域发展定位、远期负荷分布，初步确定远期 10kV 配电网络规划总体思路如下：

考虑到规划区位于外环外，根据市政府及国网关于架空线建设的相关规定，区域内10kV配电网络原则上考虑以架空线为主，因而建议规划区范围内预留架空通道。本次规划根据道路情况在部分主干道上允许走架空（保留原有架空通道），新建或改造的10kV架空线路满足区域内小型商业、市政设施等用户的用电需求。10kV架空网应采用多分段三联络接线模式，严格控制分段间节点数量、分段电流和所供变压器容量，区域内＜800kVA的用户按导则要求可以由架空线提供电源。

此外在各地块内以其负荷大小（采用负荷预测高方案结果）为依据，于规划区内10kV或低压供电地块内布置一定数量的K型站，作为该地块的10kV主供电源。K型站进线来自不同的110(35)kV变电站（或K型站），主要沿市政规划道路敷设；其10kV及低压出线沿小区内部道路敷设，且尽量不跨越或少跨越市政规划道路，这样便形成以地块为基础、若干相对独立、供电范围不交叉重叠的片状分区配电网络（见图6-31）。

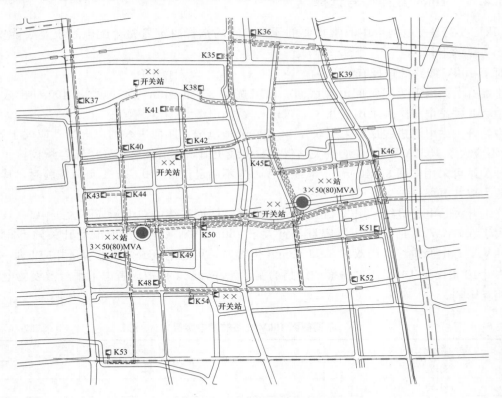

图 6-31　10kV配电网规划方案

7 配电自动化规划

7.1 配电自动化原理及一般规定

配电自动化是利用现代电子技术、通信技术、计算机与网络技术对配电网的各种电力设备实施远方监测、控制、调整的实时系统。与需方用电管理系统等用户侧自动化系统同属于配电管理系统（DMS）的基础支撑系统，主要由配电网实时监控（DSCADA）、馈线自动化（FA：线路故障区域定位、故障隔离、网络重构）、变电站自动化及电网状态分析等功能组成。实现配电系统正常运行及事故情况下的远方监测、保护、控制、故障隔离、网络重构等功能。

实施配电自动化是提高供电可靠性、提升优质服务水平以及提高配电网精益化管理水平的重要手段，是配电网现代化、智能化发展的必然趋势，建设配电自动化可以提升配电网的运行水平与供电可靠性；提升配电网电能质量水平；为配电网规划及技术改造提供基础数据；提升对分布式光伏等新能源的消纳能力；提高供电企业劳动生产率和服务质量。

配电自动化涉及的标准、规范文件主要为：

Q/GDW 513　配电自动化系统主站功能规范

Q/GDW 514　配电自动化终端/子站功能规范

Q/GDW 567　配电自动化系统验收技术规范

Q/GDW 639　配电自动化终端设备检测规程

Q/GDW 1382　配电自动化技术导则

Q/GDW 1553.1　电力以太网无源光网络（EPON）系统　第1部分：技术条件

Q/GDW 1738　配电网规划设计技术导则

Q/GDW 1807　终端通信接入网工程典型设计规范

Q/GDW 10370　配电网技术导则

Q/GDW 11184　配电自动化规划设计技术导则

Q/GDW 11185　配电自动化规划内容深度规定

Q/GDW 11358　电力通信网规划设计技术导则

7.2 配电自动化规划

实施配电自动化应遵循"统一规划、统一开发、优化设计、因地制宜，分步实施，信息共享"的原则。必须以城市电网建设和改造为基础，并与其结合，应从主设备、站内装置、通道、调度端系统等几个方面考虑与调度自动化系统的统一协调，应避免在实施过程中重复投资。

配电自动化系统应遵循分层、分布式体系结构的设计思想，即在系统层次上分为调度主站层、变配电站子站层（分为功能型和通信汇集型两种）、配电终端设备层；每一层均应优先采用分布式的系统结构，配电环网的馈线自动化功能可采用智能分布式与集中式两种方式进行，应优先采用智能分布式体系结构，各层次系统设计应具备相应扩展能力

7.2.1 主站系统规划

配电自动化系统主站应面向智能配电网，突出信息化、自动化、互动化的特点，遵循IEC61968 等标准，实现信息交互、数据共享和集成，支撑配电网的智能化管理和应用。配电主站功能应满足配电网调度控制、故障研判、抢修指挥等要求，业务上支持规划、运检、营销、调度等全过程管理。配电主站是配电自动化系统的核心组成部分，配电主站应构建在标准、通用的软硬件基础平台上，具备可靠性、适用性、安全性和扩展性。配电主站的监控范围为变电站中压母线和出线开关监测与控制，开关站中压母线和进出线开关监测与控制，中压线路和开关设备监测或控制，配电变压器（公用、专用变压器）监测，以及分布式电源等其他需要监测的对象。

（1）主站系统配置：

1）配电自动化系统宜采用"主站＋终端"的两层构架。若确需配置子站，应根据配电网结构、通信方式、终端数量等合理配置。

2）配电主站应对配电网设备的运行情况进行监控，并支撑配网调度、生产管理等业务需求。

（2）主站规模设计：

配电主站应根据配电网规模和应用需求进行差异化配置，依据 Q/GDW 625 规定的实时信息量测算方法确定主站规模。配电网实时信息量主要由配电终端信息采集量、EMS 系统交互信息量和营销业务系统交互信息量等组成。

配网实时信息量在 10 万点以下，宜建设小型主站。配网实时信息量在 10 万～50 万点，宜建设中型主站。配网实时信息量在 50 万点以上，宜建设大型主站。

（3）主站功能配置：

1）主站功能应结合配电自动化建设需求合理配置，在必备的基本功能基础上，根据配网运行管理需要与建设条件选配相关扩展功能。

2）配电主站均应具备的基本功能包括：配电 SCADA；模型/图形管理；馈线自动化；拓扑分析（拓扑着色、负荷转供、停电分析等）；与调度自动化系统、GIS、PMS 等系统交互应用。

3）配电主站可具备的扩展功能包括：自动成图、操作票、状态估计、潮流计算、解合环分析、负荷预测、网络重构、安全运行分析、自愈控制、分布式电源接入控制应用、经济优化运行等配电网分析应用以及仿真培训功能（见表 7-1）。

表 7-1 配电主站功能应用及模块

主站功能	功能应用	功能模块
基本功能	配电 SCADA	数据采集、状态监视、远方控制、人机交互、防误闭锁、图形显示、事件告警、事件顺序记录、事故追忆、数据统计、报表打印、配电终端在线管理和配电通信网络工况监视等
	模型/图形管理	网络建模、模型校验、支持设备异动管理、图形模型发布、图模数与终端调试等
	馈线自动化	与配电终端配合，实现故障的识别、定位、隔离和非故障区域自动恢复供电
	拓扑分析应用	网络拓扑分析、拓扑着色、负荷转供、停电分析等
	系统交互应用	系统接口、交互应用等
扩展功能	电网分析应用	状态估计、潮流计算、解合环分析、负荷预测、网络重构、安全运行分析、操作票、自动成图等
	智能化功能	自愈控制、分布式电源接入与控制、经济优化运行、配电网仿真与培训等

7.2.2 终端布点规划

（1）总体要求：

1）配电终端有馈线自动化终端装置 FTU、配电变压器终端装置 TTU、配电站/开关站监控终端装置 DTU 三种类型。

2）配电终端应满足高可靠、易安装、免维护、低功耗的要求，并应提供标准通信接口。

3）应根据可靠性需求、网架结构和设备状况，合理选用配电终端类型。对关键性节点，如主干线联络开关、必要的分段开关，进出线较多的开关站、环网单元和配电室，宜配置"三遥"终端；对一般性节点，如分支开关、无联络的末端站室，宜配置"二遥"或"一遥"终端。配变终端宜与营销用电信息采集系统共用，通信信道宜独立建设。

（2）终端配置（见表 7-2）：

1）A+类供电区域可采用双电源供电和备自投减少因故障修复或检修造成的用户停电，宜采用"三遥"终端快速隔离故障和恢复健全区域供电。

2）A类供电区域宜适当配置"三遥""二遥"终端。

3）B类供电区域宜以"二遥"终端为主，联络开关和特别重要的分段开关也可配置"三遥"终端。

4）C、D类供电区域宜采用"二遥""一遥"终端，如确有必要经论证后可采用少量"三遥"终端。

5）E类供电区域可采用"一遥"终端。

表 7-2 配 电 终 端 及 其 说 明

终端名称	简称	说 明
馈线终端	FTU	安装在配电网馈线回路的柱上等处的配电终端，按照功能分为"三遥"终端和"二遥"终端，其中"二遥"终端又可分为基本型终端、标准型终端和动作型终端
站所终端	DTU	安装在配电网馈线回路的开关站、配电室、环网柜、箱式变电站等处的配电终端，按照功能分为"三遥"终端和"二遥"终端，其中"二遥"终端又可分为标准型终端和动作型终端

终端名称	简称	说　明
基本型"二遥"终端	—	用于采集或接收由故障指示器发出的线路故障信息，并具备故障报警信息上传功能的配电终端
标准型"二遥"终端	—	用于配电线路遥测、遥信及故障信息的监测，实现本地报警，并具备报警信息上传功能的配电终端
动作型"二遥"终端	—	用于配电线路遥测、遥信及故障信息的监测，并能实现就地故障自动隔离与动作信息主动上传的配电终端
配电变压器终端	TTU	用于配电变压器的各种运行参数的监视、测量的配电终端
故障指示器	—	采用"二遥"终端采集、上传线路故障信息，实现对配电线路的故障定位

7.2.3　馈线自动化规划

借助通信手段，通过配电终端和配电主站的配合，在发生故障时依靠配电主站判断故障区域，并通过自动遥控或人工方式隔离故障区域，恢复非故障区域供电。集中型馈线自动化包括半自动和全自动两种方式。集中型馈线自动化功能应与就地型馈线自动化、就地继电保护等协调配合。

7.2.3.1　集中型馈线自动化概述

借助通信手段，通过配电终端和配电主站的配合，在发生故障时依靠配电主站判断故障区域，并通过自动遥控或人工方式隔离故障区域，恢复非故障区域供电。集中型馈线自动化包括半自动和全自动两种方式。集中型馈线自动化功能应与就地型馈线自动化、就地继电保护等协调配合。

7.2.3.2　就地型馈线自动化概述

不依赖配电主站控制，在配电网发生故障时，通过配电终端相互通信、保护配合或时序配合，隔离故障区域，恢复非故障区域供电，并上报处理过程及结果。就地型馈线自动化包括分布式馈线自动化、不依赖通信的重合器方式、光纤纵差保护等。

（1）重合器式馈线自动化。重合器式馈线自动化的实现不依赖于主站和通信，动作可靠、处理迅速，能适应较为恶劣的环境。电压时间型是最为常见的就地重合器式馈线自动化模式，根据不同的应用需求，在电压时间型的基础上增加了电流辅助判据，形成了电压电流时间型和自适应综合型等派生模式。

1）电压时间型：电压时间型馈线自动化是通过开关"无压分闸、来电延时合闸"的工作特性配合变电站出线开关二次合闸来实现，一次合闸隔离故障区间，二次合闸恢复非故障段供电。

2）电压电流时间型：典型的电压电流时间型馈线自动化的是通过检测开关的失压次数、故障电流流过次数、结合重合闸实现故障区间的判定和隔离；通常配置三次重合闸，一次重合闸用于躲避瞬时性故障，线路分段开关不动作，二次重合闸隔离故障，三次重合闸回复故障点电源测非故障段供电。

3）自适应综合型：自适应综合型馈线自动化是通过"无压分闸、来电延时合闸"方式，结合短路/接地故障检测技术与故障路径优先处理控制策略，配合变电站出线开关二次合闸，实现多分支多联络配电网架的故障定位与隔离自适应,一次合闸隔离故障区间,二次合闸恢复非故障段供电。

(2) 分布式馈线自动化。智能分布式馈线自动化是近年来提出和应用的新型馈线自动化,其实现方式对通信的稳定性和时延有很高的要求,但智能分布式馈线自动化不依赖主站、动作可靠、处理迅速。分布式馈线自动化通过配电终端之间相互通信实现馈线的故障定位、隔离和非故障区域自动恢复供电的功能,并将处理过程及结果上报配电自动化主站。分布式馈线自动化可分为速动型分布式馈线自动化和缓动型分布式馈线自动化。

1) 速动型分布式馈线自动化:应用于配电线路分段开关、联络开关为断路器的线路上,配电终端通过高速通信网络,与同一供电环路内相邻分布式配电终端实现信息交互,当配电线路上发生故障,在变电站出口断路器保护动作前,实现快速故障定位、故障隔离和非故障区域的恢复供电。

2) 缓动型分布式馈线自动化:应用于配电线路分段开关、联络开关为负荷开关或断路器的线路上。配电终端与同一供电环路内相邻配电终端实现信息交互,当配电线路上发生故障,在变电站出口断路器保护动作后,实现故障定位、故障隔离和非故障区域的恢复供电。

7.2.3.3　集中型馈线自动化布点原则

对于配电线路关键性节点,如主干线联络开关、分段开关,进出线较多的节点,配置三遥配电终端。非关键性节点如分支开关、无联络的末端站室等,可不配三遥配电终端。

集中型馈线自动化功能对网架结构以及布点原则的要求较低,一般可适应绝大多数情况。下面仅针对两种典型网架结构提供布点建议(见图 7-1、图 7-2)。

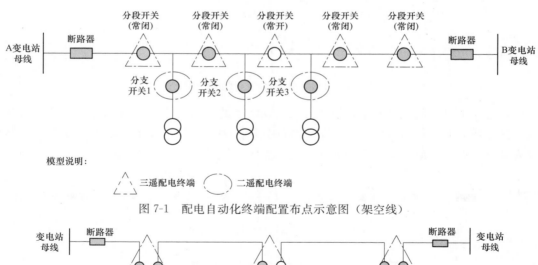

图 7-1　配电自动化终端配置布点示意图(架空线)

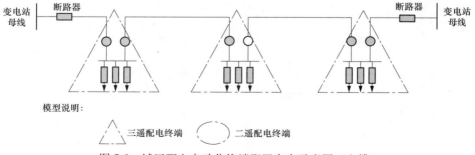

图 7-2　城区配电自动化终端配置布点示意图(电缆)

出线开关应配置断路器，具备故障跳闸功能，如自动化设备不能实现全覆盖，则以尽量保证联络开关的布点、主干线尽可能多的布点为原则。

7.2.3.4 重合器式馈线自动化布点原则

（1）电压时间型。变电站出线开关到联络点的干线分段及联络开关，均可采用电压时间型成套开关作为分段器，一条干线的分段开关宜不超过 3 个；对于大分支线路原则上仅安装一级开关，配置与主干线相同开关（见图 7-3）。

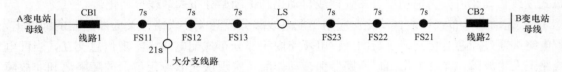

图 7-3 典型多分段单联络线路布点示例

（2）自适应综合型。变电站出线开关到联络点的干线分段及联络开关，均可采用自适应综合型成套开关作为分段器，一条干线的分段开关宜不超过 3 个；对于大分支线路原则上仅安装一级开关，配置与主干线相同开关（见图 7-4）。

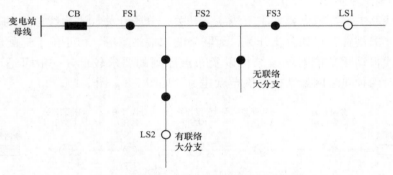

图 7-4 典型多分段多联络线路布点示例

（3）电压电流时间型。变电站出线开关到联络点的干线分段及联络开关，均可采用电压电流时间型成套开关作为分段器，一条干线的分段开关宜不超过 3 个；对于大分支线路原则上仅安装一级开关，配置与主干线相同开关（见图 7-5、图 7-6）。

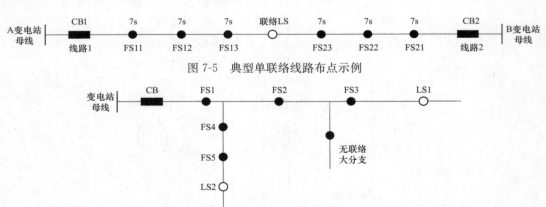

图 7-5 典型单联络线路布点示例

图 7-6 典型多分段多联络线路布点示例

7.2.3.5 分布式馈线自动化布点原则

（1）速动型。配电主干线路开关全部为断路器时，若变电站/开关站出口断路器保护满足延时配合条件，如出口保护延时 0.3s 及以上或变电站出口断路器配置光差保护，可配置速动型分布式 FA。通过分布式 FA 实现联络互投的线路，配电终端馈线自动化模式应一致，均采用"速动型分布式 FA"。典型网架与配置。

1）手拉手单环开环运行。配置：各间隔均配置断路器，变电站保护出口延时 0.3s 及以上；各配电站根据间隔数量分别配置 $1 \sim N$ 台具备分布式 FA 功能的站所终端，采用速动型 FA 方式，各环进环出间隔配置故障检测功能，各出线间隔配置速断跳闸功能（见图 7-7）。

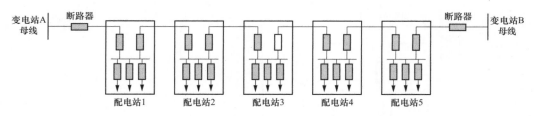

图 7-7 手拉手单环开环运行示例

2）手拉手双环开环运行。配置：各间隔均配置为断路器，变电站保护出口延时 0.3s 及以上；各配电站根据间隔数量配置 $1 \sim N$ 台具备分布式 FA 功能的站所终端，采用速动型 FA 方式，各环进环出间隔配置故障检测功能，各出线间隔配置速断跳闸功能（见图 7-8）。

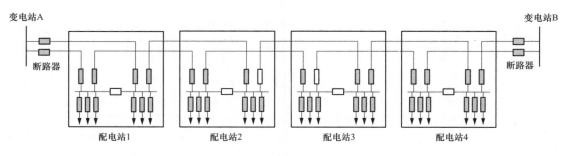

图 7-8 手拉手双环开环运行示例

3）分布式电源接入的三电源单环开环运行。配置：各间隔均配置为断路器，变电站保护出口延时 0.3s 及以上；各配电站根据间隔数量配置 1 到 N 台具备分布式 FA 功能的站所终端，采用速动型 FA 方式，各环进环出间隔配置故障检测功能，各出线间隔配置速断跳闸功能（见图 7-9）。

（2）缓动型。配电主干线路开关全部为负荷开关时，配置缓动型分布式 FA；若变电站/开关站出口断路器保护不满足级差延时配合条件，配置缓动型分布式 FA；通过分布式 FA 实现联络互投的线路，配电终端馈线自动化模式应一致，均采用"缓动型分布式 FA"。

典型网架与配置：

1）单环开环运行（各间隔均为负荷开关）。配置：各间隔均配置为负荷开关，变电站保

113

护出口速断无延时；各配电站根据间隔数量配置 1 到 N 台具备分布式 FA 功能的站所终端，采用缓动型 FA 方式，各环进环出间隔配置故障检测功能，各出线间隔配置过流失压跳闸功能（见图 7-10）。

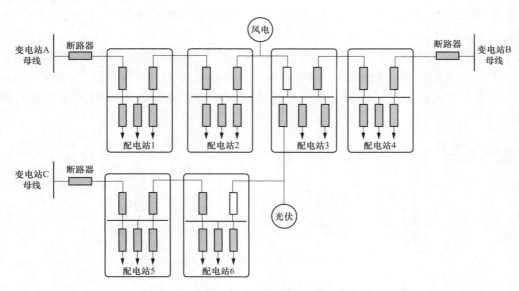

图 7-9　分布式电源接入的三电源单环开环运行示例

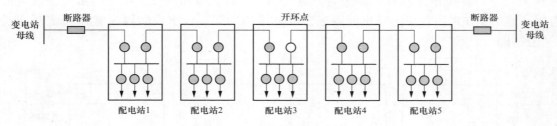

图 7-10　单环开环运行（各间隔均为负荷开关）示例

2）单环开环运行（环进环出间隔为负荷开关、出线间隔为断路器）。配置：环进环出间隔为负荷开关，出线间隔为断路器，各配电站根据间隔数量配置 1 到 N 台具备分布式 FA 功能的站所终端，采用缓动型 FA 方式，各环进环出间隔配置故障检测功能；若变电站保护出口延时 0.3s 及以上，则各出线间隔配置速断跳闸功能；若变电站保护出口速断无延时，则各出线间隔配置过流失压跳闸功能（见图 7-11）。

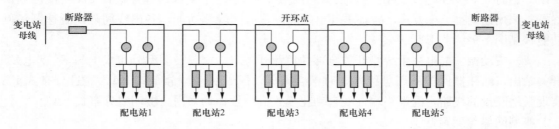

图 7-11　单环开环运行（环进环出间隔为负荷开关、出线间隔为断路器）示例

7.3 配电网通信系统规划

7.3.1 总体原则

（1）配电通信网规划设计应对业务需求、技术体制、运行维护及投资合理性进行充分论证。配电通信网应遵循数据采集可靠性、安全性、实时性的原则，在满足配电自动化业务需求的前提下，充分考虑综合业务应用需求和通信技术发展趋势，做到统筹兼顾、分步实施、适度超前。

（2）配电通信网所采用的光缆应与配电网一次网架同步规划、同步建设，或预留相应位置和管道，满足配电自动化中、长期建设和业务发展需求。

（3）配电通信网建设可选用光纤专网、无线公网、无线专网、电力线载波等多种通信方式，规划设计过程中应结合配电自动化业务分类，综合考虑配电通信网实际业务需求、建设周期、投资成本、运行维护等因素，选择技术成熟、多厂商支持的通信技术和设备，保证通信网的安全性、可靠性、可扩展性。

（4）配电通信网通信设备应采用统一管理的方式，在设备网管的基础上充分利用通信管理系统实现对配电通信网中各类设备的统一管理。

（5）配电通信网应满足二次安全防护要求，采用可靠的安全隔离和认证措施。

（6）配电通信设备电源应与配电终端电源一体化配置。

7.3.2 组网方式

（1）光纤通信。光纤通信具有传输速度快、信道容量大的优势，因此依赖通信实现故障自动隔离的馈线自动化区域宜采用光纤专网通信方式，满足实时响应需要。光纤通信网包含EPON 技术（Ethernet Passive Optical Network，以太网方式无源光网络）、GPON 技术（Gigabit-Capable Passive Optical Network，吉比特无源光网络）、工业以太网技术。

（2）无线通信。无线通信是利用电磁波在空间进行无线信息传输的方式，分为无线公网和无线专网通信。配电终端信息可采用无线公网通信方式，但应加密，满足安全性要求。电力无线专网一般在变电站或主站位置建设有无线网络中心站，可将覆盖区域内的配电网通信、自动化等信息接入系统，形成通信通道。

（3）电力线载波。电力线载波是电力系统特有的通信方式，利用现有的电力传输线路，通过高频载波的方式将模拟或数字信号在线路上传输，接收端采用电容耦合方式获取高频信号并解码得到信息。电力线载波可用于架空线路或电缆线路，应用于电缆线路时可选择电缆屏蔽层载波等技术。电力线载波通信易受短路及断线故障的影响，不宜传输保护信息。

7.3.3 通信方式选择

7.3.3.1 光缆

光纤复合架空地线（Optical Fiber Composite Overhead Ground Wire，OPGW）和全介质自承式光缆（All Dielectric Self-Supporting Optical Fiber Cable，ADSS）为主，光缆纤芯

宜采用 ITU-T G. 652 型。光缆选型建议见表 7-3。

表 7-3 配电网通信系统光缆选型建议

电压等级(kV)	光缆主要敷设形式	光缆型号	纤芯型号
110(66)	架空	应采用 OPGW 光缆	ITU-T G. 652
35	架空、沟(管)道或直埋	可采用 OPGW、ADSS 光缆或普通光缆	
10	架空、沟(管)道或直埋	可采用 ADSS 光缆或普通光缆	

（1）地市骨干通信网环网节点光缆芯数以 48 芯为主，支线、终端节点光缆芯数以 24 芯为主，10kV 线路光缆芯数不宜小于 24 芯。

（2）一次线路同塔多回路光缆区段，多级通信网共用光缆区段，以及入城光缆、过江大跨越光缆等，应适度增加光缆纤芯裕量。

（3）对于一次线路是单路由的重要电厂、B 类及以上供电区域所属 35～110kV 终端变电站，可同塔建设两条光缆。

（4）各级调度机构和通信枢纽站光缆应具备至少 2 个路由，且不能同沟道共竖井。省级及以上调度机构（含备调）所在地的入城光缆应不少于 3 个独立路由。

（5）A＋、A 类供电区域的 110kV 变电站以及处于网络枢纽位置的站点宜按双路由建设。

（6）对经济发达地区和自然灾害高发地区的 B、C 类供电区域所属 110kV 变电站可按双路由建设。

（7）10kV 线路光缆应与配电网一次网架同步规划、同步建设，或预留相应敷设位置。

7.3.3.2 地县骨干传输网

地县骨干传输网是实现市、县供电企业各类业务信息传送的网络，负责节点连接并提供任意两点之间的信息传输，由传输线路、传输设备组成。设备选型建议见表 7-4。

表 7-4 光传输设备选型建议

类别	界定范围	平台选择	设备选型建议	
			主干环网节点	分支环网、支链节点
地县骨干网	地市变电站数量不小于 100 座	10G SDH	10G SDH 设备	155M～2.5G SDH 设备
	地市变电站数量小于 100 座	2.5G SDH	2.5G SDH 设备	155M～622M SDH 设备

注 "变电站数量"指规划期内全省（或全地市）范围内 35kV 及以上厂站数量总和。

（1）传输网宜形成环网，合理选择网络保护方式，提升网络生存能力及业务调度能力。

（2）SDH 传输系统单个环网节点数量不宜过多，采用复用段保护时不应超过 16 个。

（3）对于通信站间距离较长的站点，宜采用超长距离光传输技术，不宜建设单独的通信中继站，采用超长距离光传输技术仍无法满足传输性能要求的，可建设单独的通信中继站。

（4）电力线载波通信是电网特有的通信技术，是电力系统继电保护信号有效的传输方式之一，应因地制宜，合理利用。

（5）微波通信应充分利用现有频率、铁塔、设备和机房等资源，通过适当改造建设，加强运行维护，继续发挥微波通信系统的应急作用。

（6）在电力通信传输网覆盖和延伸能力不足的地区，可租用电信运营商资源或采用资源置换的方式，利用公网光纤或电路作为电力通信专网的补充。租用公网电路时应符合电网企业关于信息通信安全的要求。

7.3.3.3　10kV 通信接入网

（1）10kV 通信接入网可分为有线和无线两种组网模式，组网要求扁平化。有线组网宜采用光纤通信介质，以有源光网络或无源光网络方式组成网络。有源光网络优先采用工业以太网交换机；无源光网络优先采用 EPON 系统；光缆无法到达地区采用中压载波作为补充。无线组网可采用无线公网和无线专网方式，应按照国家和电网企业要求采用认证加密等安全措施，并通过电网企业安全接入平台接入企业信息内网。采用无线公网通信方式时，应选用接入点名称（Access Point Name，APN）或虚拟专网（Virtual Private Network，VPN）访问控制等安全措施；采用无线专网通信方式时，应采用国家无线电管理部门授权的无线频率进行组网，并采取双向鉴权认证、安全性激活等安全措施。

（2）10kV 配电自动化站点通信终端设备宜选用一体化、小型化、低功耗设备，电源应与配电终端电源一体化配置。配电自动化"三遥"终端应采用光纤通信方式，"二遥"终端宜采用无线通信方式。光缆经过的"二遥"终端宜选用光纤通信方式；在光缆无法敷设的区段，可采用电力线载波、无线通信方式进行补充。电力线载波不宜独立进行组网。

（3）用电信息采集远程通信在光缆覆盖的区域宜选用光纤方式，其他区域以无线为主。

（4）采用 EPON 系统时，光线路终端（Optical Line Terminal，OLT）设备宜部署在变电站，10kV 站点部署光网络单元（Optical Network Unit，ONU）设备，线路条件允许时，采用"手拉手"拓扑结构形成通道自愈保护，或采用星形和链形拓扑结构；采用工业以太网设备时，宜用环形拓扑结构形成通道自愈保护。

（5）当 10kV 站点要同时传输配电、用电、视频监控等多种业务时，可根据业务需求实际情况，通过技术经济分析选择光纤、无线、载波等多种通信方式。各类型供电区域应结合实际情况差异化选择通信方式。各类供电区域及用电信息采集站点、电动汽车充换电站、10kV 分布式电源点推荐采用的通信方式见表 7-5。

表 7-5　　　　　　　　　　　　10kV 通信接入网推荐通信方式

站点类型	供电区域类型	通信方式	备注
10kV 配电自动化站点	A+	光纤为主	1. 光缆无法敷设的"三遥"站点采用载波方式作为补充； 2. 无线主要采用无线公网
	A、B	光纤或无线	
	C	无线或光纤	
	D、E	无线为主	
用电信息采集站点	—	光纤、无线、中压载波	1. 光缆已覆盖区域优先采用光纤通信，其余采用无线公网； 2. 可以继续保留已有的 230MHz 无线专网
电动汽车充换电站	—	光纤为主	—
10kV 接入的分布式电源	—	无线公网为主	—

7.3.4　安全防护

（1）在生产控制大区与管理信息大区之间应部署正、反向电力系统专用网络安全隔离装置进行电力系统专用网络安全隔离。

（2）在管理信息大区Ⅲ、Ⅳ区之间应安装硬件防火墙实施安全隔离。硬件防火墙应符合公司安全防护规定，并通过相关测试认证。

（3）配电自动化系统应支持基于非对称密钥技术的单向认证功能，主站下发的遥控命令应带有基于调度证书的数字签名，现场终端侧应能够鉴别主站的数字签名。

（4）对于采用公网作为通信信道的前置机，与主站之间应采用正、反向网络安全隔离装置实现物理隔离。

（5）具有控制要求的终端设备应配置软件安全模块，对来源于主站系统的控制命令和参数设置指令应采取安全鉴别和数据完整性验证措施，以防范冒充主站对现场终端进行攻击，恶意操作电气设备。

7.4 集中型馈线自动化典型设计案例

7.4.1 典型接线方式

集中型馈线自动化适用于A＋、A类区域架空、电缆配电线路，以及B、C类区域电缆线路。本文中选取单联络架空线路，单环网电缆线路对集中型馈线自动化进行典型案例分析。

7.4.2 配套要求

（1）一次开关设备。

1）针对新增设备：线路分段开关、联络开关采用负荷开关，弹簧操动机构，具备电动操作功能，有自动化接口。分支或分界开关采用断路器，弹簧或永磁操动机构，具备电动操动功能，有自动化接口。

2）针对存量设备：现有开关为电动操动机构，且预留自动化接口时，可通过对柱上开关加装PT及配套FTU等设备的方式满足集中型馈线自动化功能需求。

（2）配电终端。架空线路分段开关、联络开关配置"三遥"馈线终端FTU，分支/分界开关可配置"二遥动作型"馈线终端FTU；电缆线路开闭所、环网箱、配电室配置"三遥"站所终端DTU。

（3）通信方式。充分利用现有成熟通信资源，"三遥"终端采用光纤等专网通信，具备光纤敷设条件的站所终端可建设光纤通道，实现遥控功能；若不具备光纤等专网通信条件，可采用无线公网通信，实现故障监测功能。"二遥"终端以无线公网通信方式为主。

（4）保护配置。无特殊要求。可通过分析线路负荷、变电站主变压器抗短路能力等因素，调整变电站出线开关保护定值，实现配电线路保护级差配合。

7.4.3 动作逻辑

集中型馈线自动化是由配电主站通过通信系统集中收集配电终端的故障保护动作信号、开关变位信号、量测信号以及配网故障测量信号，根据网络拓扑判断配电网运行状态，集中进行故障定位，并通过遥控或手动方式实现故障的自动隔离与恢复供电。

（1）线路正常供电（见图 7-12）。

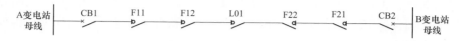

图 7-12　单环开环运行线路正常供电示例

线路正常供电时，F11/F12/F21/F22 为分段开关，L01 为动断联络开关。

（2）故障发生（见图 7-13）。

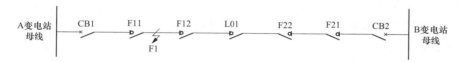

图 7-13　单环开环运行线路故障发生示例

F1 点发生短路故障，变电站出线开关 CB1 检测到故障后跳闸，线路分段开关 F11 检测到故障过流信息。

（3）故障定位与隔离。配电主站实时监视开关遥信变位信息，当系统收到变电站出线开关动作信息以及分段开关 F11 过流信号，而分段开关 F12、F21、F22 以及联络开关 L01 未有故障信息，则判定线路发生在分段开关 F11 和 F12 之间，从而实现故障定位。

如果是全自动集中型馈线自动化，则配电主站自动遥控 F11、F12 开关跳闸，隔离故障；如果是半自动集中型馈线自动化，则人工遥控 F11、F12 开关跳闸，实现故障隔离。

7.5　就地型重合器式馈线自动化典型设计案例

7.5.1　典型接线方式

就地型重合器式馈线自动化适用于 A、B、C 类区域以及部分 D 类区域，以架空线路应用为主。本文选取单联络架空线路对电压时间型馈线自动化进行典型案例分析。

7.5.2　配套要求

7.5.2.1　配套柱上开关选用

（1）分段开关、联络开关。

1）针对新增设备：采用负荷开关，具备电动操作功能，有自动化接口；电压时间型和自适应综合型可选用电磁操动机构开关或弹簧操动机构开关；电压电流时间型需选用弹簧操动机构开关。

2）针对存量设备：现有开关为电动操动机构，且预留自动化接口时，可通过对柱上开关加装 PT 及配套 FTU 等设备的方式满足不同类型重合器式馈线自动化功能需求。

（2）分支（分界）开关。分支开关可与变电站出线开关进行保护级差配合时应选用柱上断路器，配置电流速断保护，一次重合闸，可选择弹操动机构或永磁机构；分支开关与出线开关无级差配合时，可选用负荷开关或断路器。

7.5.2.2 配套 10kV 环网箱选用

（1）针对新增设备：应选用含配电自动化接口环网箱，进线负荷开关/出线断路器。当采用电压时间型和自适应综合型馈线自动化时，进线负荷开关可选用电磁操动机构或弹簧操动机构；电压电流时间型需选用弹簧操动机构开关。

（2）针对存量设备：现有环网箱具备改造条件时，可通过加装电动操动机构、三相电流互感器（TA）、三相电压互感器（TV）、站所终端 DTU 等设备满足不同类型重合器式馈线自动化功能需求。

7.5.2.3 重合器式馈线自动化配套终端选用

重合器式馈线自动化配套"二遥"动作型 FTU 或 DTU，可采用无线公网通信方式将采集信息上传至主站。

7.5.2.4 配套保护配置选用

电压时间型和自适应综合型馈线自动化可配置 1 次或 2 次重合闸，电压电流时间型需配置 3 次重合闸。

7.5.2.5 重合器式馈线自动化开关动作时限

（1）X 时限：开关合闸时间或延时合闸时限。若开关一侧加压持续时间没有超过 X 时限时线路失压，则启动 X 闭锁，再来电时反向送电不合闸。

（2）Y 时限：故障检测时间或延时分闸时限。合闸后，如果 Y 时间内一直可检测到电压，则 Y 时间后即使发生失电分闸，开关也不闭锁。合闸后，如果没有超过 Y 时限，线路又失压，则开关分闸、并保持在闭锁状态，再来电正向送电不合闸。

7.5.3 动作逻辑

（1）线路正常供电。

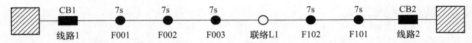

（2）F1 点发生故障，变电站出线断路器 CB1 检测到线路故障，保护动作跳闸，线路 1 所有电压型开关均因失压而分闸，同时联络开关 L1 因单侧失压而启动 X 时间倒计时。

（3）2s 后，变电站出线开关 CB1 第一次重合闸。

（4）7s 后，线路 1 分段开关 F001 合闸。

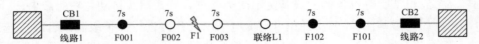

（5）7s 后，线路 1 分段开关 F002 合闸。因合闸于故障点，CB1 再次保护动作跳闸，同

时，开关 F002、F003 闭锁，完成故障点定位隔离。

（6）变电站出线开关 CB1 第二次重合闸，恢复 CB1 至 F001 之间非故障区段供电。

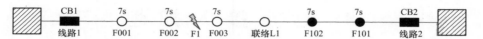

（7）7s 后，线路 1 分段开关 F001 合闸，恢复 F001 至 F002 之间非故障区段供电。

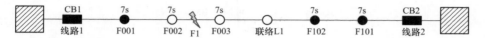

（8）通过远方遥控（需满足安全防护条件）或现场操作联络开关合闸，完成联络 L1 至 F003 之间非故障区段供电。

8 电源接入规划

8.1 电源概述

8.1.1 接入配电网电源分类

在系统规划设计阶段，接入配电网的电源可分为常规电源和分布式电源两类。

常规电源是指以小型火电、水电、风电、太阳能发电为代表、运行方式为全额上网的电站。

根据（GB/T 33593—2017）《分布式电源并网技术要求》，分布式电源是指接入 35kV 及以下电压等级电网、位于用户附近，在 35kV 及以下电压等级就地消纳为主的电源，包括同步发电机、异步发电机、变流器等类型电源，还包括太阳能、天然气、生物质能、风能、水能、氢能、地热能、海洋能资源综合利用发电（含煤矿瓦斯发电）和储能等类型。

8.1.2 电源类型及并网形式

电源按能源类型可以划分为太阳能发电、小水电、火电、风力发电、资源综合利用发电、天然气发电、生物质能发电、地热能和海洋能发电、燃料电池发电等形式，其接入电网主要通过变流器、同步电机、感应电机三类设备，见表 8-1。

表 8-1　　　　　　　　　　　电源分类及接入电网形式

能源类型		装置类型	接入电网形式		
			变流器	同步电机	感应电机
太阳能发电		逆变器	√		
水电		水轮机		√	√
火电		汽轮机		√	
风电		直驱式风机	√		
		感应式风机			√
		双馈式风机	√		√
资源综合利用	转炉煤气高炉煤气	微燃机	√		
		内燃机		√	
		燃气轮机		√	
	工业余热余压	汽轮机		√	

能源类型		装置类型	接入电网形式		
			变流器	同步电机	感应电机
天然气	煤层气 常规天然气	微燃机	√		
		内燃机		√	
		燃气轮机		√	
生物质	农林废弃物直燃发电	汽轮机		√	
	垃圾焚烧发电	汽轮机		√	
	农林废弃物气化发电 垃圾填埋气发电 沼气发电	微燃机	√		
		内燃机		√	
		燃气轮机		√	
地热能发电		汽轮机		√	
海洋能发电		气压涡轮机		√	
		液压涡轮机		√	
		直线电机	√		
燃料电池		逆变器	√		

8.2 电源接入技术原则

8.2.1 接入电压等级

电源接入的电压等级应根据接入配电网相关供电区域电源的规划总容量、分期投入容量、机组容量、电源在系统中的地位、供电范围内配电网结构和配电网内原有电压等级的配置、电源到公共连接点的电气距离等因素来选定。电源并网电压等级一般可参照表 8-2。

表 8-2   电源并网电压等级

电源总容量范围	并网电压等级
8kW 及以下	220V
8～400kW	380V
400kW～6MW	10kV
6～50MW	35、66、110kV

8.2.2 接入点

接入 35～110kV 配电网的电源，宜采用专线方式并网；接入 10kV 配电网的电源可采用专线接入变电站低压侧或开关站的出线侧，在满足电网安全运行及电能质量要求时，也可采用 T 接方式并网。

分布式电源接入点的选择应根据其电压等级及周边电网情况确定，具体见表 8-3。

表 8-3 分布式电源接入点选择推荐表

电压等级	接入点
35kV	用户开关站、配电室或箱式变电站母线
10kV	用户开关站、配电室或箱式变电站母线、环网单元
380/220V	用户配电室、箱式变电站低压母线或用户计量配电箱

8.2.3 电气计算要求

8.2.3.1 潮流计算

（1）对于常规电源，潮流计算应包括设计水平年有代表性的正常最大、最小负荷运行方式，检修运行方式以及事故运行方式，还应计算常规电源最大出力时对应的运行方式。当常规电源（光伏发电、风力发电）出力具备随机性且容量较大时，应分析典型方式下电源出力变化引起的线路功率和节点电压波动，应避免出现线路功率或节点电压越限。潮流计算应对过渡年和远景年有代表性的运行方式进行计算。应通过潮流计算，检验常规电源接入电网方案，选择导线截面和电气设备的主要参数。

（2）对于分布式电源，潮流计算无需对分布式电源送出线路进行 $N-1$ 校核。分布式电源接入配电网时，应对设计水平年有代表性的电源出力和不同负荷组合的运行方式，检修运行方式，以及事故运行方式进行分析，必要时进行潮流计算以校核该地区潮流分布情况及上级电源通道输送能力。应考虑分布式电源项目投运后 $2\sim3$ 年相关地区（本项目公共连接点上级变电站所有低压侧出线覆盖地区）预计投运的其他分布式电源项目，并纳入潮流计算。

8.2.3.2 短路计算

（1）对于常规电源，短路电流计算应包括常规电源并网点及附近节点本期及远景规划年最大运行方式的三相短路电流。电气设备选型应满足短路电流计算的要求。

（2）对于分布式电源，在分布式电源最大运行方式下，对分布式电源并网点及相关节点进行三相短路电流计算。必要时宜增加计算单相短路电流。短路电流计算为现有保护装置的整定和更换，以及设备选型提供依据，当已有设备短路电流开断能力不满足短路计算结果时，应提出限流措施或解决方案。分布式变流器型发电系统提供的短路电流按 1.5 倍额定电流计算。

8.2.3.3 稳定计算

常规电源接入 110/35kV 配电网时应进行稳定计算，校验相关运行方式下的稳定水平。

同步电机类型的分布式电源接入 35/10kV 配电网时应进行稳定计算；其他类型的发电系统及接入 380/220V 系统的分布式电源，可省略稳定计算。

8.2.4 主要一次设备选择

（1）对于常规电源，主要一次设备选择要求如下：

1）常规电源升压站或输出汇总点的电气主接线方式，应根据电源规划容量、分期建设情况、供电范围、近区负荷情况、接入电压等级和出线回路数等条件，通过技术经济分析比较后确定。

2）主变压器的参数应包括台数、额定电压、容量、阻抗、调压方式、调压范围、联结组别、分接头以及经电抗接地时的中性点接地方式，应符合 GB/T 17468、GB/T 6451、GB 24790 的有关规定。

3）出力具备随机性的常规电源，无功补偿装置性能要求以及逆变器的电能质量、无功调节能力等要求应满足 GB/T 12325、GB/T 12326、GB/T 14549、GB/T 15543 的有关规定。其中，风力发电、光伏发电还应满足 GB/T 19963、GB/T 29319 的有关规定。

（2）对于分布式电源，主要一次设备和主接线选择要求如下：

1）分布式电源接入系统工程应选用参数、性能满足电网及分布式电源安全可靠运行的设备。

2）分布式发电系统接地设计应满足 GB/T 50065 的要求。分布式电源接地方式应与配电网侧接地方式相协调，并应满足人身设备安全和保护配合的要求。采用 10kV 及以上电压等级直接并网的同步发电机中性点应经避雷器接地。

3）变流器类型分布式电源接入容量超过本台区配电变压器额定容量 25% 时，配电变压器低压侧刀熔总开关应改造为低压总开关，并在配电变压器低压母线处装设反孤岛装置；低压总开关应与反孤岛装置间具备操作闭锁功能，母线间有联络时，联络开关也应与反孤岛装置间具备操作闭锁功能。

4）分布式电源升压站或输出汇总点的电气主接线方式，应根据分布式电源规划容量、分期建设情况、供电范围、当地负荷情况、接入电压等级和出线回路数等条件，通过技术经济分析比较后确定，380/220V 采用单元或单母线接线，35、10kV 采用线变组或单母线接线。

5）接有分布式电源的配电台区，不得与其他台区建立低压联络（配电室、箱式变低压母线间联络除外）。

6）分布式电源升压变压器参数选择应包括台数、额定电压、容量、阻抗、调压方式、调压范围、联结组别、分接头以及中性点接地方式，应符合 GB 24790、GB/T 6451、GB/T 17468 的有关规定。变压器容量可根据实际情况选择。

7）分布式电源送出线路导线截面选择应根据所需送出的容量、并网电压等级选取，并考虑分布式电源发电效率等因素；当接入公共电网时，应结合本地配电网规划与建设情况选择适合的导线。

8）接入 380/220V 电网的分布式电源，在并网点应安装易操作、具有明显开断指示、具备开断故障电流能力的断路器。断路器可选用微型、塑壳式或万能断路器，根据短路电流水平选择设备开断能力，并应留有一定裕度，应具备电源端与负荷端反接能力。其中，变流器类型分布式电源并网点应安装低压并网专用开关，专用开关应具备失压跳闸及低电压闭锁合闸功能，失压跳闸定值宜整定为 $20\% U_N$、10s，检有压定值宜整定为大于 $85\% U_N$。接入 35、10kV 电网的分布式电源，在并网点应安装易操作、可闭锁、具有明显开断点、具备接地条件、可开断故障电流的开断设备。当分布式电源并网公共连接点为负荷开关时，宜改造为断路器，并根据短路电流水平选择设备开断能力，留有一定裕度。

8.2.5 保护与自动装置配置

对于分布式电源，保护及自动装置配置如下：

（1）以 380/220V 电压等级接入的分布式电源，并网点和公共连接点的断路器应具备短路速断、延时保护功能和分励脱扣、失压跳闸及低压闭锁合闸等功能，同时应配置剩余电流保护。

（2）以 35、10kV 电压等级接入的分布式电源，关于送出线路继电保护配置如下：

1）采用专用线路接入用户变电站或开关站母线等时，宜配置（方向）过流保护；接入配电网的分布式电源容量较大且可能导致电流保护不满足保护"四性"要求时，可配置距离保护；当上述两种保护无法整定或配合困难时，可增配纵联电流差动保护。

2）采用"T"接方式接入用户配电网时，为了保证用户其他负荷的供电可靠性，宜在分布式电源站侧配置电流速断保护反应内部故障。

3）应对分布式电源送出线路相邻线路现有保护、开关和电流互感器进行校验，当不满足要求时，应调整保护配置，必要时按双侧电源线路完善保护配置。

（3）分布式电源系统设有母线时，可不设专用母线保护，发生故障时可由母线有源连接元件的后备保护切除故障。如后备保护时限不能满足稳定要求，可配置相应保护装置，快速切除母线故障。

（4）应对分布式电源系接入侧的变电站或母线保护进行校验，若不能满足要求时，则变电站或开关站侧应配置保护装置，快速切除母线故障。

（5）变流器必须具备快速检测孤岛功能，检测到孤岛后立即断开与电网连接，防孤岛保护应与继电保护配置、频率电压异常紧急控制装置和低电压穿越装置相互配合。

（6）接入 35、10kV 系统的变流器型分布式电源应配置防孤岛保护装置，同步电机、感应电机型分布式电源无需配置防孤岛保护装置，分布式电源切除时间应与线路保护、重合闸、备自投等配合，以避免非同期合闸。

（7）分布式电源接入配电网的安全自动装置应实现频率电压异常紧急控制功能，按照整定值跳开并网点断路器。

（8）分布式电源 35、10kV 电压等级接入配电网时，应在并网点设置安全自动装置；若35、10kV 线路保护具备失压跳闸及低压闭锁功能，也可不配置。

（9）380/220V 电压等级接入时，不独立配置安全自动装置。

（10）分布式电源本体应具备故障和异常工作状态报警和保护的功能。

（11）经同步电机直接接入配电网的分布式电源，应在必要位置配置同期装置。

（12）经感应电机直接接入配电网的分布式电源，应保证其并网过程不对系统产生严重不良影响，必要时采取适当的并网措施，如可在并网点加装软并网设备。

（13）变流器型分布式电源接入配电网时，不配置同期装置。

8.3 常规电源接入方案

常规电源接入配电网的典型方案见表 8-4。

表 8-4   常规电源接入配电网典型方案

接入电压等级	接入方案	一次系统接线示意图
110、35kV 专线接入	通过专用线路直接接入变电站，建议接入容量大于 6MW	
110、35kV 线路 T 接入	通过 T 接接入架空线路或电缆分支箱，建议接入容量大于 6MW	

8.4　分布式电源接入方案

为保障分布式电源及时、可靠接入，以下两种类型分布式电源（不含小水电）接入方案可参照以下内容。

（1）第一类：10kV 及以下电压等级接入，且单个并网点总装机容量不超过 6MW 的分布式电源。

（2）第二类：35kV 电压等级接入，年自发自用电量大于 50% 的分布式电源；或 10kV 电压等级接入且单个并网点总装机容量超过 6MW，年自发自用电量大于 50% 的分布式电源。

分布式光伏接入配电网的典型方案见表 8-5。

表 8-5   分布式光伏接入配电网典型方案

接入电压等级	接入方案	一次系统接线示意图
10kV 单点接入	采用 1 回线路将分布式光伏接入用户开关站、配电室或箱式变电站，建议接入容量 400kW～6MW	

接入电压等级	接入方案	一次系统接线示意图
380V 单点接入	采用 1 回线路将分布式光伏接入 380V 用户配电室或箱式变电站，建议接入容量不大于 400kW	
10kV 多点接入	采用多回线路将分布式光伏接入用户 10kV 开关站、配电室或箱式变电站。建议接入容量 400kW～6MW	
380V 多点接入	通过多回线路接入用户配电箱、配电室或箱式变电站低压母线。建议接入容量不大于 400kW，8kW 及以下可单相接入	

接入电压等级	接入方案	一次系统接线示意图
10kV/380V 多点接入	按照就近分散接入，就地平衡消纳的原则进行设计。通过 1 回或多回 380V 线路接入用户配电箱、配电室或箱式变电站低压母线	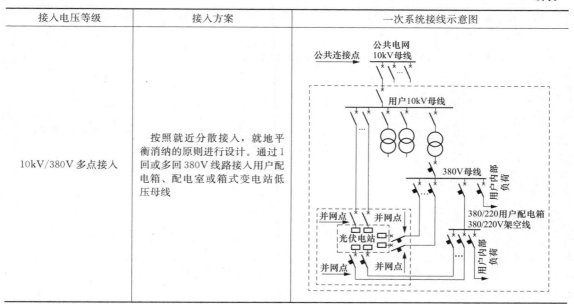

分布式风电接入配电网的典型方案见表 8-6。

表 8-6 　　　　　　　　　　分布式风电接入配电网典型方案

接入电压等级	接入方案	一次系统接线示意图
10kV 单点接入	采用 1 回线路专线接入用户 10kV 开关站、配电室或箱式变电站，建议接入容量 400kW～6MW	
380V 单点接入	采用 1 回线路接入用户配电室或箱式变电站低压母线，建议接入容量不大于 400kW	

分布式燃机接入配电网的典型方案见表 8-7。

表 8-7   分布式燃机接入配电网典型方案

接入电压等级	接入方案	一次系统接线示意图
10kV 单点接入	采用 1 回线路单点接入用户 10kV 开关站、配电室或箱式变电站，建议接入容量 400kW～6MW	公共连接点 / 公共电网10kV开关站、配电室或箱式变压器 / 用户进线开关 用户10kV母线/配电室/箱式变压器 / 用户内部负荷 / 并网点 / 燃机电站
10kV 多点接入	采用 1 回线路多点接入用户 10kV 开关站、配电室或箱式变电站，建议接入容量 400kW～6MW	公共连接点 / 公共电网10kV开关站、配电室或箱式变压器 / 用户内部负荷 / 用户内部负荷 / 并网点 / 燃机电站
380V 单点接入	采用 1 回线路接入用户配电室或箱式变电站 380V 母线，接入容量建议不大于 400kW	公共连接点 / 10kV公共电网 / 用户内部负荷 / 用户380V母线 / 并网点 / 用户内部负荷 / 燃机电站

9 电 力 通 道 规 划

9.1 电力通道规划的基本原则

（1）电力通道规划宜按电网远景规划目标进行并预留适当裕度一次完成。

城市电力通道规划是在电网远景规划的负荷预测、电源规划和网络规划基本完成的基础上进行的，即在未来若干年内城区负荷需求和城网电源（相应的变配电所的站址及容量）为已知并且已经明确什么地点、需要建设什么电压等级及多少回数的供电线路，才能保证城市区域电力系统安全运行（即满足负荷需求和安全约束）的情况下，来规划电力通道的数量及其路径走向，同时还要考虑所需投资、运行费用最小以及众多安全约束条件，所以它是一个多变量、多约束的规划问题。

（2）电力通道规划应与城市总体规划相结合，与各种管线和其他市政设施统一安排，且应征得城市规划部门认可。

城市总体规划是综合性规划，包括详细规划和专项规划，详细规划又包括控制性详细规划、修建性详细规划，专项规划包括电力、水利、环保、电信、交通、等不同专业。城市总体规划在做好同各专项规划衔接的同时，还要充分考虑到与土地利用总体规划的衔接。城市电力通道属于专项规划，其建设用地及走廊应给予充分保障，但由于各专业规划间存在的不协调、不统一等问题，往往出现各专业规划间的冲突。因此，城市规划部门应该建立一个协调一致、统一规划的空间体系，有效解决各专业规划间的冲突。

（3）电力通道规划应该综合考虑长度、施工、运行和维护方便等诸多方面的因素，统筹兼顾，做到经济合理，安全适用。

（4）电力通道不应平行于其他管线的正上方或正下方，从而保证电力通道管理和维护。

（5）电力通道相互之间允许最小间距及电力通道与其他管线，构筑物基础等最小允许间距应符合电力规程的规定，如局部地段不符合规定，应采取必要的保护措施。

9.2 电力通道规划的一般规定

9.2.1 电缆线路敷设方式

（1）110kV 及以上电缆应采用排管、隧道或专用沟槽敷设方式。

（2）35、10kV 电缆宜采用排管或专用沟槽敷设方式，不宜采用直埋敷设。直埋敷设适用于易于开挖的人行道下和建筑物的边沿地带，并宜采用钢带铠装电缆。

（3）沟槽敷设方式不宜在城区范围内使用，仅适用于不能直埋且无机动车负载的通道。如人行道、变（配）电站内、工厂厂区等。

（4）城市地下电缆线路路径应与城市其他地下管线统一规划，变电站出口进出线的通道，应按最终规模一次实施。

9.2.2 电缆隧道相关要求

（1）电缆隧道路径的选择，应根据电力规划，结合政府主管部门批准的城市总体规划，并考虑地形、地质、环境等因素，经技术经济比较后确定。

（2）电缆隧道的规划应根据电缆近期和远期的预测量进行合理布置。

（3）电缆隧道宜沿现有或规划道路走线，其路径和埋深应综合考虑道路走向、地形地貌、水文、地质。条件、现有建（构）筑物、城市管线、环境与景观、隧道结构类型与施工方法以及运行维护等因素。

（4）穿越河流的电缆隧道，应征求主管部门意见，并在规定范围内进行地质测绘和综合地质勘探的基础上确定路径走向和埋深。

（5）电缆隧道施工工法一般分为明挖法和暗挖法（顶管施工法、盾构施工法）两类。

（6）电缆隧道与相邻地下构筑物应保持一定的安全距离，最小间距应根据地质条件和相邻构筑物管理单位协商确定，且不应小于表 9-1 规定的数值。

表 9-1   电缆隧道与相邻地下构筑物最小间距

具体情况 / 施工方法	明挖	非开挖
隧道与地下构筑物平行间距	不小于 1.0m	不小于隧道外径
隧道与地下管线平行间距	不小于 1.0m	不小于隧道外径
隧道与地下管线交叉穿越间距	不小于 0.5m	不小于隧道外径

（7）电缆隧道最小弯曲半径，应满足隧道内敷设的最大截面电缆允许弯曲半径的要求（见图 9-1）。

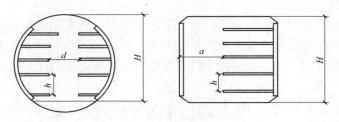

图 9-1   电缆隧道断面示意图

9.2.3 电缆排管相关要求

（1）排管敷设方式，适用于敷设电缆条数较多，且有机动车等重载的地段。如市区道路、穿越公路、穿越绿化地带等。同路径电缆单排管敷设条数宜为 8～24 条。钢筋混凝土浇制的排管衬管禁止使用石棉管。

（2）电缆排管孔径（内径）为 150、175mm；单排管最大范围的孔位排列有 2×10 孔、3×8 孔多种。电缆排管孔位应优先满足 220kV 电缆线路的需要，同时在排管设计时，应安排通信多孔管。

（3）当同一路径上设有双排管时，为了提高供电可靠性和电缆载流量，宜将同一 110kV 及以上变电站的双路进线电缆分别敷设在不同的排管中。

（4）通信光缆应敷设在排管中间余孔或通信多孔管中。

（5）排管所需孔数除按电网规划敷设电缆根数外，还需有适当备用孔供更新电缆用。

（6）排管顶部土壤覆盖深度不宜小于 0.5m，且与电缆、管道（沟）及其他构筑物的交叉距离不宜小于表 9-2 的规定。

（7）排管原则上按直线铺设，如需避让障碍物时，可做成圆弧状排管，但圆弧半径不应小于 12m；如使用硬质管，则在两管镶接处的折角不应大于 2.5°。

（8）供敷设单芯电缆用的排管管材，应选用非磁性并满足环保要求的管材。供敷设 3 芯电缆用的排管管材，还可使用内壁光滑的钢筋混凝土管或镀钵钢管。

图 9-2 为电缆排管断面示意图。

表 9-2　　　　电缆与电缆、管道、道路、构筑物等之间的容许最小距离（mm）

电缆直埋敷设时的配置情况		平行	交叉
电力电缆之间	10kV 及以下电力电缆	0.1	0.5*
	10kV 以上电力电缆	0.25**	0.5*
不同部门使用的电缆		0.50**	0.5*
电缆与地下管沟	热力管沟	2.0***	0.5*
	油管或易（可）燃气管道	1.0	0.5*
	其他管道	0.5	0.5*
电缆与铁路	非直流电气化铁路路轨	3.0	1.0
	直流电气化铁路路轨	10.0	1.0
电缆与建筑物基础		0.6***	—
电缆与公路边		1.0***	—
电缆与排水沟		1.0***	—
电缆与树木的主干		0.7	—
电缆与 1kV 以下架空线电杆		1.0***	—
电缆与 1kV 以上架空线杆塔基础		4.0***	—

*　　用隔板分隔或电缆穿管时不得小于 0.25m；
**　　用隔板分隔或电缆穿管时不得小于 0.10m；
***　　特殊情况时，减小值不得大于 50%。

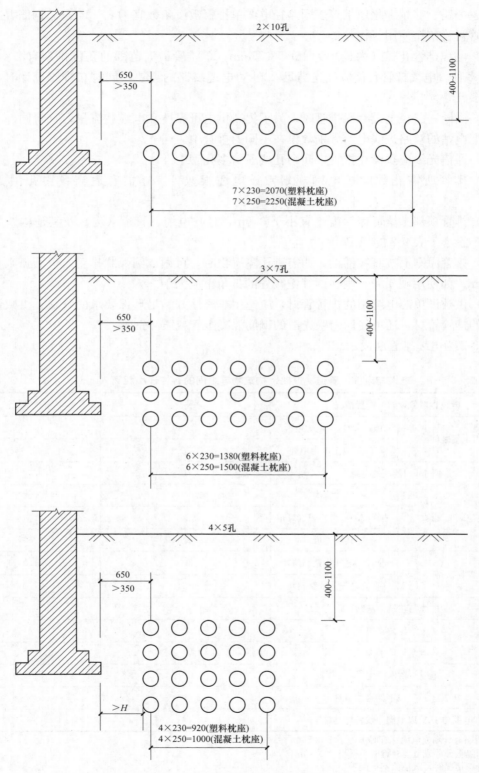

图 9-2 电缆排管断面示意图

9.2.4　电缆沟相关要求

（1）电缆沟深度应按远景规划敷设电缆根数、电缆布置方式、运行维护要求等因素确定，并留有余量。

（2）电缆构内施工通道的净宽，不宜小于表9-3所列值。

表 9-3　　　　　　　　　　　　　　电缆沟内通道的净宽

电缆支架配置方式	具有下列沟深的电缆沟		
	<600	600～1000	>1000
两侧	300*	500	700
单侧	300*	450	600

*　浅沟内可不设支架，勿需有通道。

（3）水平敷设时电缆支架的最上层、最下层布置尺寸，应符合下列规定：

1）最上层支架距构筑物顶板或梁底挣距允许最小值，应满足电缆牵引至上侧柜盘时的允许弯曲半径要求。

2）最上层支架距其他设备的间距，不应小于300mm，当无法满足时应设置防护板。

3）最下层支架距地坪、沟道底部的最小净距，不宜小于50mm。

（4）净深小于0.6m的电缆沟，可把电缆敷设在沟底板上，不设支架和施工通道。

（5）在不增加电缆导体截面且满足输送容量要求的前提下，电缆沟内可回填细砂或土。

9.2.5　直埋相关要求

（1）在电缆线路路径上有可能使电缆受到机械性损伤、化学作用、地下电流、振动、热影响、腐蚀物质、虫鼠等危险的地段，均应依据规范要求采取保护措施。

（2）电缆的埋置深度应符合下列要求：

1）电缆表面距地面的距离不应小于0.7m，穿越农田时不应小于1m，且电缆应埋在冻土层以下。

2）在电缆引入建筑物、与地下建筑物交叉及绕过地下建筑物处等受条件限制时，可浅埋但应采取保护措施。

（3）直埋敷设电缆穿越城市交通道路和铁路路轨时，应采取保护措施。

（4）电力电缆之间，电缆与其他管道、道路、建筑物等之间平行和交叉时的最小净距，应满足表9-2的要求。

（5）宜在电缆上层与下面均覆盖100mm砂土或软土，用砖、槽盒和电缆保护板将电缆盖好，覆盖宽度应超过电缆两侧50mm。

9.3　电力通道规划方案

以某区域的电缆排管规划为例（见图9-3），规划方案必须建立在远期高中压配电网络规划的进线电缆走向、现状及在建电力排管的基础上，提出电力排管规划方案，本次排管方案主要采用3×7孔、2×7孔的电力排管。根据不同的道路线路走向情况设置适当数目的电力排管，另外在未设置电力排管的道路上应预留电缆直埋通道，在电缆跨越道路处设置一定数量的过路管。根据规划区的总体规划供电线路敷设于道路东侧或南侧。排管在实施过程中应根据道路两侧的具体建设情况进行相应调整。

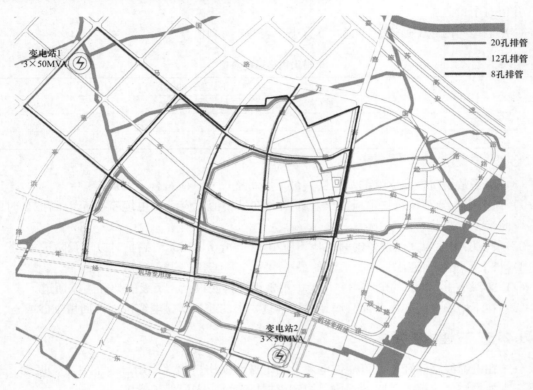

图 9-3　规划区远期电力排管图

10　规划方案技术经济分析

10.1　技术经济评价的作用与内容

10.1.1　技术经济评价的作用

一个好的配电网规划设计方案技术上应该是可靠的，经济上应该是合理的，所以有必要对规划设计方案进行技术经济评价，通过对比备选方案的主要技术经济指标，确定最优方案，并分析方案投资对实施主体的影响，确定方案的经济可行性，为投资决策提供依据。开展技术经济评价时，应注意：

（1）配电网建设改造量大，除满足新增负荷的工程外，还有很多为配合市政建设而进行的迁改工程，以及承担普遍服务的边远贫困地区农网工程，此类工程增供电量较小，经济效益较差，决策时应兼顾各方面综合效益，不能仅考虑经济效益。

（2）经济评价时，应以企业为整体作为分析对象，通过计算评价期间规划方案实施前后公司收益率变化，可以分析配网工程对公司经营状况的影响，通过计算负债率等指标变化，可以分析公司对配网工程的承受能力。

（3）在对不同指标进行敏感性分析时，应充分考虑电网企业的特殊性，分析可靠性与经济性之间的相互关系。

10.1.2　技术经济评价的内容

结合配电网规划设计工作开展实际情况，规划设计方案技术经济评价一般包括方案比选、财务评价及不确定性分析。

（1）方案比选。主要工作内容为根据配电网发展需要，拟定规划设计备选方案，按照确定的供电可靠性目标和全寿命周期内投资费用的最佳组合的原则，对主要技术经济指标进行对比分析，综合比较，确定最优方案。配电网规划属于多目标规划，在给定投资额度的条件下，从供电能力、供电质量、供电可靠性、运行维护费用等多方面因素综合平衡，选择最优方案，需要通过对规划设计方案进行综合分析比选，以确定最终的技术方案。规划设计人员应根据电网企业的战略、配电网现状及发展情况、客户需求等多方面因素综合确定配电网规划设计方案评价指标体系，尤其是保证供电能力提升与供电质量、供电可靠性提高之间的平衡。

（2）财务评价。一般包括单项工程的财务评价和规划设计方案的财务评价，单项工程的财务评价与工程项目的财务评价原理及方法相同，本手册不再详细介绍。配电网规划设计方案投资高，而供电企业作为企业在保证安全供电的同时还应兼顾经济效益，有必要对配电网规划设计方案投资效益进行认真分析，根据企业的经营、财务状况及可承受能力来评估规划项目的可行性。对于不具备独立财务核算的企业，参考相关核定数据假设为独立企业进行财务评价。

（3）不确定性分析。一般包括盈亏平衡分析、灵敏度分析及概率分析，盈亏平衡分析是对于某一无法完全确定参数或原始数据，分析该参数的取值范围，以确定该参数在不同范围内时方案的经济可行性；灵敏度分析也称敏感性分析，是分析各相关因素变化时，影响方案评估结果的程度，以确定不同因素对方案经济性的灵敏度；概率分析也称风险分析，是一种用统计原理研究不确定性的方法，一般工程项目的财务评价都不做概率分析。

10.2　方　案　比　选

10.2.1　方案比选流程

方案比选是在各拟定备选方案实施后，分析配电网现状存在问题的解决程度以及配电网预期达到的各项技术经济指标，综合比较各方案，确定最佳方案的过程。为了在多个配电网规划设计备选方案中选定其中某一个最优方案，在一定的投资额度基础上，需对各方案进行规划实施后各评价指标对比分析，进行相应的定量计算，确定最符合配电网发展要求的规划设计方案。主要工作流程见图10-1。

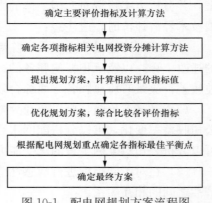

图 10-1　配电网规划方案流程图

10.2.2　主要评价指标

配电网规划设计方案的技术经济评价一般包括配电网供电质量、电网结构、装备水平、供电能力、智能化水平、电网效率、电网效益等7个方面。

（1）供电质量。供电质量评价主要由供电可靠性和电压质量两部分内容构成。

1）供电可靠性指标：用户年平均停电时间（可靠率）、用户年平均停电次数、故障停电时间占比。

2）电压质量指标：综合电压合格率、"低电压"用户数占比。

当采用用户年平均停电时间（可靠率）指标对配电网运行情况进行评价时，规划设计阶段主要利用概率统计的数学方法进行预测，根据规划设计方案中网络结构完善提升转供能力、设备水平提升降低故障率以及配电自动化实施后减少停电时间等因素，对用户年平均停电时间（可靠率）指标进行预测。

（2）电网结构。电网结构评价主要由高压配电网结构和中压配电网结构两部分内容构成。

1）高压配电网结构指标：单线或单变站占比、标准化结构占比、$N-1$通过率。

2）中压配电网结构指标：线路平均供电半径、架空配电线路平均分段数、中压配电网标准化结构占比、线路联络率、线路站间联络率、线路$N-1$通过率。

高压配电网电网结构应分 110、35kV 分别计算，其中 $N-1$ 通过率还需按照主变压器、线路分别计算。标准化结构占比用于反映规划方案采用的电网结构与该电网企业推荐标准的符合程度，侧重反映企业对配电网标准化的管理水平。

（3）装备水平。装备水平评价主要由高压配电网设备标准化水平、高压配电网设备年限、中压配电网设备标准化水平、中压配电网设备年限和中压配电网设备概况 5 部分内容构成。

1）高压配电网设备标准化水平指标：线路标准化率、主变压器标准化率。

2）高压配电网设备年限指标：在运设备平均投运年限。

3）中压配电网设备标准化水平指标：中压线路标准化率、中压配电变压器标准化率。

4）中压配电网设备年限指标：中压在运设备平均投运年限。

5）中压配电网设备概况指标：中压线路电缆化率、中压架空线路绝缘化率、高损配电变压器占比、非晶合金配电变压器占比。

其中，高压配电网设备年限应分 110kV 和 35kV 分别计算。某一电压等级"在运设备平均投运年限"计算公式如下：

在运设备平均投运年限＝$\sum$（当年每类在运设备的平均投运年限×所占的权重）。

式中：设备的平均投运年限按照 0～5 年、6～10 年、11～20 年、21～30 年、30 年以上 5 个区间段进行统计归类；对与高压配电网，各类设备的权重可按照变压器权重为 0.4、线路为 0.3、断路器为 0.2、GIS 内部断路器为 0.1 设置；对于中压配电网，各类设备的权重按照中压线路权重为 0.4、配电变压器为 0.3、环网单元为 0.1、箱式变电站为 0.1、柱上变压器为 0.05、电缆分支箱为 0.05 计算。

（4）供电能力。供电能力评价主要由高压配电网供电能力和中压配电网供电能力两部分内容构成。

1）高压配电网供电能力指标：高压变电容载比、变电站可扩建主变压器容量占比、变电站负载不均衡度、高压线路最大负载率平均值、高压线路负载不均衡度、高压重载线路占比、高压重载主变压器占比、高压轻载线路占比、高压轻载主变压器占比。

2）中压配电网供电能力指标：中压线路出线间隔利用率、中压线路最大负载率平均值、中压线路负载不均衡度、中压重载线路占比、中压轻载线路占比、中压配电变压器最大负载率平均值、中压配电变压器负载不均衡度、中压重载配电变压器占比、中压轻载配电变压器占比、户均配电变压器容量。

（5）智能化水平。智能化水平评价主要由包括变电站智能化水平、配电自动化水平、用户互动化水平和环境友好水平 4 部分内容构成。

1）变电站智能化水平指标：110kV 智能变电站占比、35kV 变电站光纤覆盖率。

2）配电自动化水平指标：配电自动化有效覆盖率、采用光纤通信方式的配电站点占比。

3）用户互动化水平指标：配电变压器信息采集率、智能电表覆盖率、可控负荷容量占比。

4）环境友好水平指标：分布式电源渗透率、电动汽车充换电设施密度。

配电网智能化水平主要表现为对新技术、新设备、多元化用户的覆盖应用情况。包括 110kV 智能变电站、配电变压器信息采集、智能电表、负控装置、分布式电源、充换电设施等。

（6）电网效率。电网效率评价主要由高压配电网设备利用率、中压配电网设备利用率和电能损耗三部分内容构成。

1）高压配电网设备利用率指标：高压线路负载率平均值、高压主变压器负载率平均值。

2）中压配电网设备利用率指标：高压线路负载率平均值、高压主变压器负载率平均值。

3）电能损耗指标：110kV 及以下综合线损率、10kV 及以下综合线损率。

电能损耗对应的是电网企业的综合线损率，综合线损率分为统计线损率和理论线损率。对于规划方案，由于线损电量无法直接测量，一般是根据理论线损计算方法预测目标电网的线损水平，针对性地制定降低配电网电能损耗的措施。

（7）电网效益。电网效益评价主要由投资占比和投资效益两部分内容构成。

1）投资占比指标：配电网投资占比。

2）投资效益指标：单位投资增供负荷、单位投资增供电量。

配电网的投资占比应按照配电网投资占电网企业各电压等级投资的比重计算，通过该指标能够反映资金分配情况，保持输电网和配电网的均衡发展。计算公式如下：

$$配电网投资占比 = \frac{110kV \text{ 及以下配电网总投资}}{750kV \text{ 及以下电网总投资}} \times 100\%$$

单位投资增供负荷用于反映规划期内配电网投资提升电网供电能力的效益水平，应以规划期内出现的最大负荷作为电网的最大供电负荷。单位投资增售电量用于反映规划期内配电网投资提升企业供电收益的情况，应以规划期内每年增供电量的算术和作为企业的增供电量。计算公式如下：

$$单位投资增供负荷 = \frac{期内出现年供电最大负荷 - 期初年供电最大负荷}{规划期内电网投资}$$

$$单位投资增供电量 = \frac{\sum_{i=1}^{n}(第 i \text{ 年供电量} - 第 i-1 \text{ 年供电量})}{规划期内电网投资}$$

其中，电网投资应为公用网投资；当 $i=1$ 时，第 1 年供电量表示规划期内第一年的供电量，第 0 年供电量表示基准年供电量。

10.2.3　方案比选方法

建设与运行成本指标。主要评价内容是对规划设计方案实施可能带来总投资及运行成本降低效果的分析，主要包括单位投资指标和方案实施后运行维护费用水平的预测，原始数据具备时，可计算规划设计方案的全寿命周期成本。

（1）投资指标。配电网的投资一般采用单位生产能力投资概略指标法来进行估算，包括线路和变电两个基本指标，其中

$$I_{line} = \frac{IN_{line}}{L_{line}}$$

$$I_{tran} = \frac{IN_{tran}}{S_{tran}}$$

式中　I_{line}——单位线路投资指标，万元/km；

IN_{line}——线路总投资，万元；

L_{line}——线路总长度，km。

I_{tran}——单位变电投资指标，万元/km；

IN_{tran}——变电总投资，万元；

S_{tran}——变电总容量，kVA。

根据方案计算出的单位投资指标，可以和工程概预算定额或大量已实施工程项目的投资统计资料进行对比，以分析方案的经济性。

（2）运行费用指标。配电网的运行费主要包括电能损耗费、维护修理费、大修理费。

1）电能损耗费等于配电网电能损耗乘以计算单价。

2）维护修理费包括工作人员工资、管理费和小修费，该项一般以投资的百分数表示。

3）大修理费指用于恢复设备原有基本功能而对其进行大修理所支付的费用，该项一般也以投资的百分数表示。

评价时，规划设计人员应根据已有工程实施对运行费用降低的历史经验，对规划设计方案实施后的运行费用进行预测。

（3）全寿命周期成本。全寿命周期成本（Life Cycle Cost，LCC）是指全面考虑评价对象在规划、设计、施工、运营维护和残值回收的整个寿命周期全过程的费用总和，其目的就是在多个可替代方案中，选定一个全寿命周期内成本最小的方案。传统的配电网规划项目仅注重工程的建设过程，重点控制项目建设阶段的造价，而弱化了项目未来的运行成本、可靠性及报废成本等，不能实现综合比较。

全寿命周期成本，包括投资成本、运行成本、检修维护成本、故障成本、退役处置成本等。总费用现值计算模型为

$$LCC = \left[\sum_{n=0}^{N} \frac{CI(n) + CO(n) + CM(n) + CF(n)}{(1+i)^n} \right] + \frac{CD(N)}{(1+i)^N}$$

式中　LCC——总费用现值，万元；

　　　N——评估年限，与设备寿命周期相对应；

　　　i——贴现率；

　$CI(n)$——第 n 年的投资成本，主要包括设备的购置费、安装调试费和其他费用，万元；

　$CO(n)$——第 n 年的运行成本，主要包括设备能耗费、日常巡视检查费和环保等费用，万元；

　$CM(n)$——第 n 年的检修维护成本，主要包括周期性解体检修费用、周期性检修维护费用，万元；

　$CF(n)$——第 n 年的故障损失成本，包括故障检修费用与故障损失成本，万元；

　$CD(N)$——第 N 年（期末）的退役处置成本，包括设备退役时处置的人工、设备费用以及运输费和设备退役处理时的环保费用，并应减去设备退役时的残值，万元。

其中，故障损失成本的计算模型为

$$CF = C_{\text{F-per}} W_{\text{F}}$$

式中　CF——故障损失成本，万元；

　$C_{\text{F-per}}$——单位电量停电损失成本，万元/kWh；

　　W_{F}——缺供电量，kWh。

其中，单位电量停电损失成本包括售电损失费、设备性能及寿命损失费以及间接损失费，可根据历史数据统计得出，将其固定下来，作为今后预测时的依据。

10.3 财 务 评 价

10.3.1 财务评价特点

（1）以企业为评价对象。配电网规划设计方案评价通常评价规划设计方案的总规模，不以单个项目为对象，一般配电网建设投资规模在基层供电企业投资中占较大比例，对基层供电企业经营及财务状况影响很大。同时，规划设计方案既包括新建工程，又包括扩建与改造工程等，其效益的发挥，除通过规划的增量资产，还通过与其相关的存量资产，所以评价时不应只限于工程本身，而应在评价期间（经营期）内把企业整体作为一个评价对象来考虑。

（2）效益识别困难。配电网规划设计方案具有以下特点：

1）既包括新建工程，又包括扩建与改造工程等。

2）配电网规划项目不仅提高了供电能力，增加了销售电量，具有直接经济效益，而且使危旧设备得到更新改造，降低了网络损耗，提高了供电可靠性和供电质量，服务改善了民生，具有多方面间接经济效益和社会效益。

3）由于大量的改、扩建项目中利用原有资产取得了存量效益，配网工程的电量增长不能简单的按新增的供电能力计算。

因此，配电网规划设计方案财务评价与单独的新建工程评价是有区别的，在进行效益费用识别时，不但要考虑新建工程及改造工程（增量）本身，还必须考虑已运行工程（存量）及总体效益。

10.3.2 财务评价指标

财务评价主要包括盈利能力分析和偿债能力分析。盈利能力分析的主要指标包括财务内部收益率（Financial Internal Rate of Return，FIRR）、财务净现值（Financial Net Present Value，FNPV）、项目投资回收期、总投资收益率（Return On Investment，ROI）、项目资本金净利润率（Return on Equity，ROE）。偿债能力分析的主要指标包括利息备付率（Interest Coverage Ratio，ICR）、偿债备付率（Debt Service Coverage Ratio，DSCR）、资产负债率（Loan of Asset Ratio，LOAR）、流动比率和速动比率。

（1）净现值。净现值是用折现率将项目计算期内各年的净效益折算到工程建设初期的现值之和。计算公式为

$$ENPV = \sum_{t=1}^{n} (C_I - C_O)_t (1+i)^{-t}$$

式中　$ENPV$——净现值；

C_I——现金流入量，万元；

C_O——现金流出量，万元；

$(C_I - C_O)_t$——第 t 年的净现金流量，万元；

n——计算年限。

使用净现值评价时，要求方案预测的净现值为正。

（2）内部收益率。内部收益率是指项目在整个计算期内净现值等于零时的折现率。它的经济含义是在项目终了时，保证所有投资被完全收回的折现率，代表了项目占用资金预期可获得的收益率，可以用来衡量投资的回报水平。计算公式为

$$\sum_{t=1}^{n}(C_{\mathrm{I}}-C_{\mathrm{O}})_{t}(1+i)^{-t}=0$$

式中　　　i——内部收益率；

C_{I}——现金流入量，万元；

C_{O}——现金流出量，万元；

$(C_{\mathrm{I}}-C_{\mathrm{O}})_{t}$——第 t 年的净现金流量，万元；

n——计算年限。

内部收益率采用试差法求得。使用内部收益率评价时，要求方案的内部收益率均应大于行业投资基准收益率或投资方预期的收益率。

（3）投资回收期。投资回收期是指项目以净收益抵偿全部投资所需的时间，是反映投资回收能力的重要指标。动态投资回收期以年表示，计算公式为动态投资收回收期＝（累计折现值开始出现正值的年数－1）＋上年累计折现值的绝对值/当年净现金流量的折现值

在项目财务评价中，动态投资回收期越小说明项目投资回收的能力越强，评价时，投资回收期应低于基准回收期或投资预期的回收期。

（4）资产负债率。资产负债率（LOAR）指各期末负债总额（Total Loan，TL）与资产总额（Total Asset，TA）的比率，是反映项目各年所面临的财务风险程度及综合偿债能力的指标。

$$LOAR=\frac{TL}{TA}\times100\%$$

式中　TL——期末负债总额，万元；

TA——期末资产总额，万元。

（5）评价参数。根据《建设项目经济评价方法与参数（第三版）》，假定投资项目运营期为 25 年（含建设周期），电网行业融资前税前财务基准收益率取 8.0%，资本金税后财务基准收益率取 8.5%。

10.3.3　财务评价流程

（1）计算数据收集。主要包括企业固定资产账面值、债务、财务费用、成本费用、售电收入等。

（2）相关参数确定。各种费率等可以参照基准水平年国家有关规定，在实际应用中相关人员需确定的主要是固定资产折旧率、贷款偿还方式，应结合实际情况确定基层供电企业固定资产综合折旧率，根据贷款的余额和还款协议，计算出经营期内逐年实际还款额，新增项目可按工程投资确定借款额，根据还款方式确定逐年还款额并与企业原有实际还款额相加计算出逐年还款额。

（3）费用与效益识别。确定规划投资、电价及增供电量等。

（4）评价指标计算。计算评价对象经营期收益率、净现值等财务评价指标。

（5）分析评价。参考国家、行业相关规定，以及企业发展需求，设定评价参数，对比分析，综合评价规划设计方案的经济可行性及企业账务承受能力。

10.4 不确定性分析

配电网规划设计方案评价时，不确定性分析的主要内容包括盈亏平衡分析和敏感性分析。

10.4.1 盈亏平衡分析

（1）计算方法。盈亏平衡分析是通过盈亏平衡点（BEP）分析项目成本与收益的平衡关系的一种方法。根据项目正常生产年份的销售收入、固定成本、可变成本、税金等数据，计算盈亏平衡点，分析研究项目成本与收入的平衡关系。盈亏平衡点通常用生产能力利用率或者产量表示。

$$BEP_c = \frac{C_F}{P_a - C_a - T_u} \times 100\%$$

$$BEP_p = \frac{C_F}{P_p - C_u - T_u} \times 100\%$$

式中　BEP_c——以生产能力利用率计算的盈亏平衡点；

C_F——年固定成本，万元；

P_a——年销售收入，万元；

C_a——年可变成本，万元；

BEP_p——以产量计算的盈亏平衡点；

P_p——单位产品销售价格，万元；

C_u——单位产品可变成本，万元；

T_u——年税金及附加，万元。

两者之间的换算关系为

$$BEP_c = BEP_p \times PD$$

式中　PD——设计生产能力。

对盈亏平衡分析的计算结果应通过盈亏平衡分析图表示，如图 10-2 所示。

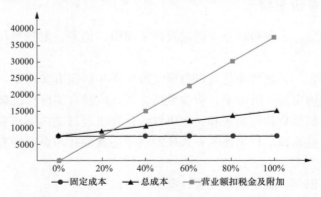

图 10-2　盈亏平衡分析图（生产能力利用率）

当项目收入等于总成本费用时，正好盈亏平衡，盈亏平衡点越低，表示项目适应产品变化的能力越大，抗风险能力越强。

（2）分析因素。对于配电网规划评价时，盈亏平衡分析的因素主要包括供电量、售电价和资金成本。

10.4.2 敏感性分析

敏感性分析指分析不确定性因素变化对财务指标的影响，找出敏感因素。根据需要，评价时可进行单因素和多因素变化对财务指标的影响分析。

（1）计算方法。敏感度系数指项目评价指标变化率与不确定性因素变化率之比，其计算式为

$$S_{AF} = \frac{\Delta A / A}{\Delta F / F}$$

式中　$\Delta F / F$——不确定性因素 F 变化率；

　　$\Delta A / A$——不确定性因素 F 发生 ΔF 变化时，评价指标 A 的相应的变化率。

其中，变化率参考值为 $\pm 20\%$、$\pm 15\%$、$\pm 10\%$、$\pm 5\%$。

敏感性分析临界点指单一的不确定因素的变化使项目由可行变为不可行的临界数值，可采用不确定因素对基本方案的变化率或其对应的具体数值表示。

（2）敏感因素。根据配电网规划项目特点，不确定性因素主要包括建设投资、增售电量、购售电价差等参数，以及供电可靠性、容载比等规划目标。其中：

当给定内部收益率测算电价时，敏感性分析主要指建设投资、增售电量等不确定因素变化对销售电价差的影响，找出敏感因素，并列出不同比例变化值的结果进行比较。结论一般列表表示。

当给定期望的电价测算财务内部收益率时，敏感性分析主要指建设投资、增售电量、购售电价差、规划目标等不确定因素或约束性指标变化对内部收益率的影响，找出敏感因素，并列出不同比例变化值的结果进行比较。

11　智能配电网及泛在电力物联网

11.1　智能变电站及其应用

智能变电站是智能电网的重要组成部分，目前国家电网有限公司已经全面进入数字化为通信方式的变电站建设时期。以但就变电站智能化来说，还有一定的距离。建设智能化变电站，需要实现变电站二次设备的高度集成，实现全站信息数字化，实现全站信息共享和高级应用。从某种角度来看，智能变电站就是变电站数字化范围的扩大继电保护装置、测控装置、表计等二次设备已经实现了智能化，所以对一次设备智能化的要求也更加具体。随着电子式互感器、光纤技术、通信网络、一次设备智能化和 IEC61850 等技术的发展，智能变电站的时代已经具备了到来的条件。

11.1.1　变电站自动化的发展历程

从 20 世纪 90 年代开始，变电站自动化系统得到全面推广，我国变电站自动化系统发展经历了以下四个阶段：①RTU 变电站；②综合自动化变电站；③数字化变电站；④智能变电站。近年来，随着智能变电站概念的提出，建设智能变电站成为电网建设的主要方向。

（1）数字化变电站。数字化变电站是由智能化一次设备和网络化二次设备构建的，实现变电站内设备信息共享和互操作的现代化的变电站。数字化变电站在我国发展的时间较短，还没有完成相关的技术规范。

（2）一次设备智能化。变电站最早采用硬接线接口方式，包括一次设备的常规控制回路、跳闸回路，随着智能变电站的普及，配置了智能化采集终端，一次设备可以通过接口直接控制网络。并且伴随着技术的更新，可以实现对重要设备状态的实时跟踪监测，如断路器 SF_6 在线检测，变压器的在线式检测等，将事故隐患扼杀在萌芽之中。

（3）网络技术的完善。IEC 61850 为变电站自动化领域带来了显著的发展和提高，只要把变电设备入通讯网络，就可完成各设备间的联系，提高工作效率，节省电缆、简化调试、检修方便。其功能完善、互操作性等优点得到广泛认可。基于 IEC 61850 要求的网络技术的完善，所有智能设备都能按照统一的网络协议进行通讯，我国智能变电站基于 IEC 61850 应用研究处于国际领先位置。

11.1.2　智能变电站技术的特点

智能变电站虽然是基于传统的变电站发展起来的，但是由于有结合了智能化的特点，因此，它具有自有的一些特点，通过对其特点的深入分析将有助于实现智能变电站技术的有效应用。智能变电站技术作为一种信息处理技术和计算监控技术的有机融合体，其拥有集成化的设备和智能化的控制技术，主要包含以下几个方面的特点：

（1）控制端的引入。智能变电站技术基于信息技术，通过对终端计算机的引进，将实现对变电站的智能化管理。在终端计算机控制系统的引入下，将有助于实现对电网的电能运行情况实行实时监测，有助于降低变电站故障发生的频率，同时确保变电站的顺利运行。

（2）设备集成化及光纤技术的应用。设备集成化是智能变电站技术的一项重要的特点。在设备集成化的驱动下，智能变电站的运行效率将得到有效地提升。除此，光纤技术的使用又进一步加强对变电站内部的各个控制层的局域网管理。因此，设备集成化实现了变电站控制中心、二次设备以及一次设备三者之间的自由信息传递，确保变电站数据传输过程中稳定性和可靠性。另外，设备的集成化将有助于节省设备的空间和安装成本，因此，设备集成化将成为智能变电站发展的一大亮点，也将是未来变电站发展的新方向。

（3）局部或全局智能控制的实现。智能控制作为智能变电站的最显然的一个特色。通过智能化技术的加入，实现了变电站的一、二级设备专业化的控制过程。其中智能化技术的主要核心技术在于光电技术的应用，以实现对电流闭锁装置、电流互感器以及控制柜的智能化管理。

11.1.3 智能变电站技术的应用分析

智能变电站技术作为一项专业的变电站改造技术，通过这项技术的广泛应用将有助于提升电网的智能化管理水平。本文将针对这项技术在一次设备与二次设备中的应用展开详细地分析，将有助于推动智能变电站技术的广泛应用。

（1）在一次设备中的应用。智能变电站在一次设备中的应用主要体现在电子式互感器技术、智能电力变压器以及高压开关设备智能化技术三个方面。其中高压开关设备智能化技术主要分为混合式气体绝缘开关设备、气体绝缘金属封闭开关设备以及空气绝缘敞开式开关设备。由于这些设备都是高性能的智能化设备，因此，可以实现变电站的智能化管理，例如，空气绝缘敞开式开关设备是单一功能的独立单元组成的隔离开关，不仅有良好地绝缘性，同时还可以通过智能化设备的控制实现开关动作，之所以可以实现有效隔离其主要的原因在于这些设备主要是由架空线路进行连接而成。

目前，虽然这种开关设备在变电站中已经得到了应用广泛地应用，但是在实际应用过程中还是必须要注意其应用的漏洞，由于该系统主要是呈现分散布置状态，因此在使用的过程中比较容易出现故障，所以在使用该智能化设备之前，必须要进行全面地安装调试检测，这样才能确保该设备的安全性使用。又例如，混合式气体绝缘开关设备也是一种智能化技术的体现，这个设备的智能化使得使用、维护都非常方便，最重要的是其运行可靠安全，给变电站创造了一个安全地运行环境。

智能电力变压器的应用，智能电力变压器在使用的过程中与常规的变压器的使用差别并不大，其主要的优化性能在于智能化电力变压器拥有对变压器的控制和保护，同时其报警处理设置也进行了智能化处理。智能化变压器的零件通常可以根据实际的情况进行智能化配置，其灵活性高于传统的变压器。比较有代表性的智能化组件主要包含局部放电监测 IED、冷却控制装置 IED、有载分接开关控制 IED。

电子式互感器技术的应用。电子式互感器技术主要是通过多个电流或者电压传感器组装而成，其电子式互感技术有助于实现继电保护或控制装置测量仪器及仪表的数据传输。电子式互感器能够分成有源电子式互感器和无源电子式互感器两种类型。这两种类型的传感器因其用途的不同其适用范围也因此不同。在实际工作中要结合实际需要来采取相应的电子式互感器。

（2）在二次设备中的应用。二次设备方面具体表现为程序化操作技术和在线式五防技术的应用。在线式五防系统后台五防通常是与测控装置紧密连接在一起的。该系统主要是可遥控空气断路器、五防专用锁具、智能操作箱等设备组成。程序化操作指的是按照既定程序来实现对多个控制对象的控制。程序化操作又可以分为：站控层程序化操作、间隔层程序化操作和混合程序化操作三种模式。程序化操作在实际工作中的应用能够有效提升变电站设备的性能。

11.2 能 源 互 联 网

11.2.1 概述

国家发展改革委、国家能源局、工业和信息化部联合出台的《关于推进"互联网＋"智慧能源发展的指导意见》（发改能源〔2016〕392 号）是我国发展能源互联网的总纲，文件指出，"互联网＋"智慧能源，即"能源互联网"，是未来我国能源供给、消费、体制、技术革命的重点方向，是一种互联网与能源生产、传输、存储、消费以及能源市场深度融合的能源产业发展新形态，具有设备智能、多能协同、信息对称、供需分散、系统扁平、交易开放等特征。

能源互联网的建设意义重大，是推动我国能源革命的重要战略支撑，是提升能源开发利用效率，推动能源市场开放和产业升级，形成新的经济增长点的重要抓手。能源互联网的建设要以改革创新为核心，以"互联网＋"为手段，以智能化为基础，紧紧围绕构建绿色低碳、安全高效的现代能源体系，促进能源和信息深度融合，推动能源互联网新技术、新模式和新业态的发展。

能源互联网是一种新型能源供用体系，其以电力系统为核心和纽带，高度整合多类型能源网络和交通运输节点，具备多类型能源互补、源网荷储协调运作的特点，具备能量流和信息流双向互动的特性。从物理实施上看，能源互联网领域内各种互联互通的智能系统均可以算作能源互联网中的一环，包括多能互补、微电网、虚拟电厂、充换电站、基于大数据的智慧用能服务、商业模式及交易平台等（见图 11-1）。

以基于能源互联网的三层级整体架构，横向分为物理能源网、信息物联网、互联服务网3 个总层级，并可再细分为现场层、终端层、通信层、平台层、应用层 5 个细分层级。

物理能源网层级旨在构建"横向多能互补，纵向源、网、荷、储协调"的区域能源互联网物理能源系统，促进能源流的优化配置。

信息物联网层级旨在通过配置各类采控终端和传感器，打通通信信息网络，构建能源互联网云端平台，实现信息流的高效联通。

互联服务网层级旨在以物理能源网和信息物联网为依托，以"互联网＋"模式开展控制类、服务类、交易类的各类高级应用业务，实现业务流的多元拓展。

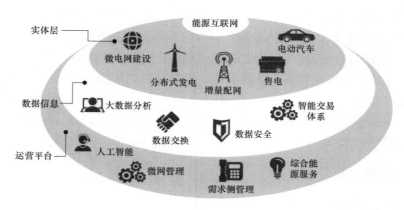

图 11-1　能源互联网架构示意图

（1）物理能源网。物理能源网层级（现场层）表征园区的物理能源系统，纵向可划分为源、网、荷、储 4 个组成部分，承载能源流在园区内的流动：

1）源：分为电源、热源、气源、水源等 4 种能源类型，每种能源类型可再细分。电源主要包括外部电源、光伏、风电、燃气三联供等，热源主要包括热泵、太阳能集热、燃气三联供、电锅炉、电空调、燃气锅炉等，气源和水源则主要为外部源。

2）网：分为电网、热网、气网、水网等 4 种能源网络，均为园区内部公共网络及用户内部网络。

3）荷：分为电负荷、热负荷、气负荷、水负荷等 4 种负荷类型，每种负荷类型可再细分。电负荷主要包括工业用电、商业用电、居民用电、充电桩用电与其他用电，热负荷主要包括工业用热（蒸汽与热水）、商业用热（供暖、热水）、居民用热（供暖、热水）与其他用热，气负荷主要包括工业用气、商业用气、居民用气与其他用气，水负荷主要包括工业用水、商业用水、居民用水与其他用水。

4）储：分为电储能和热储能等 2 种储能类型，每种储能类型可再细分。电储能系统主要包括锂电池、铅碳电池等，热储能系统主要包括水蓄热、固体蓄热、水蓄冷、冰蓄冷等。

（2）信息物联网。信息物联网层级表征园区的信息物联系统，纵向可以分为终端层、通信层、平台层 3 个层次，承载"信息流"在园区内的流动。

1）终端层：分为源、网、荷、储 4 个组成部分（每个部分又细分为电、热、水、气等类型），分别对应于物理能源网层级的源、网、荷、储物理系统，主要负责源、网、荷、储物理系统的信息采集、控制与计量等工作，相应的终端类型可分为采集终端、控制终端、计量终端等。

2）通信层：通过有线通信和无线通信等形式负责联通终端层与平台层，实现信息高效流通。

3）平台层：分为 2 个层级，第 1 层级又可划分为源、网、荷、储 4 个组成部分（每个部分又细分为电、热、水、气等类型），每种类型都对应于独立管控平台，例如源侧电源类的分布式光伏管控平台，荷侧电负荷类的充电桩管控平台等；第 2 层级为园区整体的能源互联网云平台，集成第 1 层级的各类独立平台信息或直接集成终端层各类终端的信息（其中网侧平台中的电网平台，即浦东供电公司"营、配、调"等相关平台，需就张江科学城区域相关信息进行双向交互），完成园区能源信息全覆盖。

（3）互联服务网。互联服务网层级（应用层）表征园区的高级应用业务，主要分为控制、服务和交易三大部分，承载"业务流"在园区内的流动。

1）控制：主要包括运行监控、优化调度、保护控制等控制类功能。

2）服务：主要包括能耗监测、能源审计、能效分析、节能诊断、资产管理、辅助决策等服务类功能。

3）交易：主要包括电力交易、辅助服务交易、需求侧响应交易、热交易、气交易、水交易、碳交易等交易类功能。

11.2.2 发展目标

能源互联网的发展目标可以归纳为以下三点。

（1）能源市场化：作为抓手，打破行业壁垒，推进能源市场化，促进能源领域的创新创业，重塑能源行业。基于信息互联网，能源互联网可以为各种参与者和大量用户提供开放平台，降低进入成本，便捷对接供需双方，使设备、能量、服务的交易更加便捷高效，实现多方共赢，激活大众的创业热情和创新能力，为能源革命提供持续动力。

（2）能源高效化：能源互联网实现了多类能源的开放互联和调度优化，为能源的综合开发、梯级利用和能源共享提供了条件，可以大幅度提高能源的综合使用效率。

（3）能源绿色化：能源互联网可以通过多种能源的耦合互补、各类储能的应用、需求侧响应等，支撑高渗透率可再生能源的接入和消纳。

11.2.3 主要理念

能源互联网在传统能源网基础上引入了互联网理念，具有以下新的内涵。

（1）开放。开放是能源互联网的核心理念，内涵丰富，主要体现在以下几点：多类型能源的开放互联、各种设备与系统的开放对等接入、各种参与者和终端用户的开放参与、开放的能源市场和交易平台、开放的能源创新创业环境、开放的能源互联网生态圈、开放的数据与标准等。

（2）互联。互联是开放的重要表现，为能源的共享和交易提供平台，连接供需，是能源互联网创造价值的基础。互联包括多种能源形式、多类能源系统、多异构设备、各类参与者等的互联。

（3）以用户为中心。以用户为中心是能源互联网在商业上取得成功的关键。用户的认可和广泛参与，才能有效推动能源互联网在能源生产、运行、管理、消费、交易、服务等各环节创造价值。以用户为中心强调提供极致的用户体验，不但满足用户不同品位的便捷用能需求，还要满足用户便捷生产和交易能源的需求。

（4）分布式。分布式是推动能源互联网发展的重要动力。光伏等新能源适合分布式，用户也将成为分布式的能源产消者。在分布式条件下，为保证能源产消的即插即用和能量时时处处平衡，这对分布式优化和控制提出了高要求。

（5）共享。共享是能源互联网的精神，物理设备的开放互联如果缺少了共享的机制，也就无法形成有效的能源市场和良好的创新创业环境。

（6）对等。对等是能源互联网的形态之一，能源互联网需要打破垄断，去中心化，不同参与者之间处于对等的位置，在此基础上进行对等的交易。能源的生产和消费也是对等的，不再是单向的生产跟踪消费模式，而是双向甚至多边的。

11.2.4 主要特征

能源互联网的关键特征是互联网理念和技术的深度融入，至少表现为以下几点特征：

(1) 支撑多类型能源的开放互联，提高能源综合使用效率。

(2) 支撑高渗透可再生能源的接入和消纳。

(3) 支撑能量自由传输和用户广泛接入的自由多边互联网架构。

(4) 集中和分布相结合的自组织网络架构。

(5) 支撑众筹众创的能源互联网市场和金融。

(6) 支撑能源运行、维护、交易、金融等大数据分析。

11.2.5 实施路径

(1) 物理层。

1) 能源生产的多源化、低碳化。

a. 一是挖掘属地可再生能源，充分利用区域内浅层地热、水源、污水、空气能、太阳能等属地可再生能源，提高当地可再生能源供应比例，实现能源多元化发展。

b. 二是采取集中＋分散的供能方式，集中能源供应采取天然气三联供方式带基荷，分散采用分布式电源＋储热的方式满足调峰需求。

2) 能源传输的安全化、集约化。打造基于钻石型＋分布式的配电网架结构，体现多馈入、多互联、多支持的蜂窝式供配电网思想，以实现配电网可靠性的进一步提升。

开发基于 UPFC 和 SVG 等潮流控制技术的新一代智能配网调度控制策略和系统，实现真正意义上全网有功可导、无功可调，从网架和运行层面解决未来多种新能源和分布式储能的接入消纳问题。

基于直流模拟馈入装置，构建"源网荷"一体化直流馈入配电网，打造从源端至荷端的直流网架。

研究变电站＋综合能源站＋综合管廊的"能源一站式"解决方案，能源配送站点以变电站为基本，采用供冷供热站与变电站联建方式解决城市土地资源紧张问题，馈出线路采用综合管廊方式节约通道资源。

3) 能源消费的清洁化、高效化。打造区域绿色交通体系，试点基于 5G 技术的智能网联游览车，太阳能＋无线充电公路、"光储充"一体化绿色充电站等新颖技术。

构建低碳民用建筑典范区，采用绿色建筑、被动式建筑，大幅度降低建筑采冷取暖造成的能耗。

4) 能源控制的协调化、分区化。打造先进的广域分布式控制系统，即主站集中决策层-网格子站分布控制层-控制设备执行的三层架构，支撑大规模分布式能源友好接入和全额消纳，创新配电网的调度控制模式，提升综合能源系统的智能运行水平。

打造基于虚拟电厂（虚拟同步机）的分布式电源（风、光、三联供、储能等）控制平台，提高地区分布式电源/负荷主动参与电网调压、调频的能力，进一步提高分布式电源消纳能力。

构建用户即插即用、电网即插即供、调度即插即管、交易即插即始的新型储能（含电动汽车）综合管理系统，挖掘电动汽车储能潜力，尝试 V2G、B2G 并重的充换电站规划、运营、调度策略。

（2）信息层。

1）信息采集的泛在化、集成化。积极推进"电、气、热"多表合一采集系统。建设智慧能源系统的基础是数据信息，为构建信息感知网络和大数据存储系统，需要在用能侧、能源网络、产能设施、储能设施分别部署信息采集感知设施，实时收集各类用户的行为、建筑的状态、交通设施的情况、负荷变化等数据，与城市智慧监测管理系统相连，为数据挖掘和能效优化奠定基础。

完善推进不同能源系统间的信息采集标准。现存不同能源系统间数据需求存在较大区别，建立完善统一标准，规范智能终端高级量测系统的组网结构与信息接口，实现和用户之间安全、可靠、快速的双向通信，实现网络设备和基础设施在互联网范围内的智能互联和信息互通，提高数据采集的准确度，便于协同服务、远程控制和统一管理。

2）信息处理的平台化、智慧化。搭建能源互联网综合管控云平台，将源、网、荷、储各侧存量的独立平台接入该平台，同时对部分不具备独立平台的系统，直接将终端接入该平台。

开发基于传统决策树、粗糙集、数学分析、人工神经网络等先进数据挖掘、分析的计算机算法，借助能源监控平台的建设，科学深入地进行用能分析、评估与优化并反馈给能源物理设施，推动荷-源-网-储动态匹配、协调运行。

（3）服务层。

1）基础服务的便利化、高质化。客户的需求逐渐扩大，最基本的需求即是能够保质保量的满足客户对能源的充足性需求。在这个层面，能源服务应着重体现高质化、便利化的思想，针对基础服务客户不敏感服务提供方的特点，一方面采用诸如手机 APP、线下营业厅等形式，增加基础服务便利化，另一方面加强能源服务的品质，加强电能质量控制，并适当进行适当改造，保证客户基础服务的高质化。

2）增值服务的精准化、协作化。对于节能性、便捷性及以上的增值服务，应主要体现精准化、协作化的思想。一方面对于增值服务有需求的客户量相对较少，首先应精准定位客户的需求，调动自身资源从物理层或信息层满足客户的需求，再从能源服务逐渐渗透延伸到用户的生产、生活中，拓展诸如供应链服务、能源金融、智能家居电商等衍生业务。另一方面，综合能源服务面临多客户需求、多专业领域、多供应链、多基础能力、强技术、管理差异大的挑战，为了应对挑战，服务必须具备多专业的资质资源、技术资源、资本资源才能持续持有客户资源。

11.3 智 能 配 电 网

11.3.1 概述

智能配电网是指以配电自动化技术为基础，应用先进的测量和传感技术、计算机技术、控制技术、信息通信等技术，利用智能化的开关设备、配电终端设备，允许以可再生能源为主的分布式电源（DG）的大量接入和微网运行，鼓励各类不同电力用户积极参与电网互动，在坚强电网架构、双向通信物理网络以及集成各种高级应用功能的可视化软件支持下，实现配电网在正常运行状态下完善的优化、检测、保护、控制和非正常运行状态下的自愈控制，最终为电力用户提供安全、可靠、优质、经济的电力供应服务。

11.3.2 智能配电网发展概况

近年来，智能电网在世界范围内关注度持续提升、应用不断深化。从世界范围看，美国、欧洲、日本等国家在智能电网方面取得了一定的建设成果。

（1）国外智能电网发展现状。美国智能电网。美国定义的智能电网中具备 7 大特性：自动修复、互动、安全、提供 21 世纪所需的电力质量、适应所有的电力来源和储能方式、可市场交易、优化电网资产以提高营运效率。为推进智能电网建设，美国在技术和建模两大领域设置研发项目，涵盖发展配送系统和客户端传感系统技术、发展电网与汽车互联技术、电网通信整合和安全技术等方面。

欧洲智能电网。欧洲智能电网建设侧重于清洁能源利用，特别是将大西洋的海上风电、欧洲南部和北非的太阳能电融入欧洲电网。同时还将接入大量分布式微型发电装置，实现可再生能源大规模集成性跳跃式发展。到 2020 年，欧盟 20% 的电力供应来自于风电，15% 来自于太阳能，欧洲电网可容纳 35% 的可再生能源，欧盟 14% 的能源来自于生物质能。

日本智能电网。日本智能电网主要目标包括在所有家庭安装智能电表，及计划加强输变电设施及蓄电装置建设，2020 年前相关电力设施投资预计超过 100 亿美元。日本已有多年再生能源并网及微电网研究计划，且在能源与环保相关技术方面都具有国际领先水平。

（2）国内智能电网发展现状。我国以坚强网架为基础，全面开展电网智能化研究与实践，已经完成了多个大型风电基地输电规划的技术经济论证，取得了风电监控及并网控制等关键技术研究成果；掌握了抽水蓄能电站综合监控和安全检测等核心运行控制技术，以及相关设备的设计、开发、制造、运行管理技术；成功研制了储能电池，建成了具有国际领先水平的电网储能电池特性试验系统，超导电力应用试验平台已投入应用，基于电动汽车与电网实现能量双向传输的逆变器系统和电池梯次利用的相关研究也已启动。

截至 2016 年底，国家电网累计并网风电、光伏发电装机 1.3 亿 kW 和 0.7 亿 kW；建成了覆盖中国 121 个城市的电动汽车快速充电网络和接入 16.1 万个充电桩的智慧车联网平台，为 100 万辆电动汽车出行提供全方位服务；建成了国家风光储输、天津中新生态城、厦门柔性直流输电、南京西环网统一潮流控制器等一批智能电网示范工程。至今为止国网已累计招标智能电表 4.77 亿台。

（3）上海智能电网发展现状。在输电网方面，上海电网已进入特高压交直流混联运行时代。基本构建形成"二交一直"特高压入沪新格局，在复奉±800kV 特高压直流通道的基础上，建成投运 1000kV 皖电东送淮南至上海特高压交流示范工程，1000kV 淮南-南京-上海特高压交流输变电工程上海段全线贯通。建成 500kV 双环网和南外半环主网架，城市骨干网架安全稳定水平和资源配置能力大幅提升，220kV 电网分区增至 14 个，分区供电能力和可靠性持续提高。

在配电网方面，大力推进世界一流城市配电网的建设。提出了积极发展 110kV 公共电网、双侧电源链式结构及自愈系统的高压配电网发展方向，建成浦东核心区配电自动化示范工程，建成城市智能配网技术中心，持续加大推进配电网改造力度，10kV 架空网主干线路联络率达到 100%。城网供电可靠率长期稳定在 99.983%，综合供电电压合格率提高到99.998%，全面解决了农村"低电压"问题，率先基本实现负控、智能电表、用电信息采集系统全覆盖，保障了经济社会发展的需要。

在电网智能化方面，发输变配用各环节同步推进、协调发展，上海智能电网已初具雏形。截至目前，上海市已投产运营风电场 15 个、光伏电源 4275 个、分布式燃机 6 个、生物质电源 11 个、资源综合利用电源 5 个。已完成 500kV 线路在线监测系统数据接入及展示，在线监测设备总数量 32 套，研制了移动式百兆乏级 STATCOM。已建 1 座 220kV 智能变电站、110kV 智能变电站 52 座；变电站智能巡检机器人 21 台；变电设备在线监测装置 510套；变电设备带电监测装置 351 套。已建设配电自动化主站 4 个，终端设备 24878 套，配电自动化覆盖线路 7242 条，占比 45.3%，电动汽车充换电设施接入 10kV 的容量达到 20.69万 kVA。

（4）智能电网发展方向。坚强智能电网具备坚强的网架结构，各类电源接入、送出的适应能力，大范围资源优化配置能力和用户多样化服务能力，以实现安全、可靠、优质、清洁、高效、互动的电力供应，推动电力行业及相关产业的技术升级，满足经济社会全面、协调、可持续发展要求，未来发展方向包括以下方面：

1）实现能源生产和消费的综合调配，充分发挥智能电网在现代能源体系中的作用。

2）提升电源侧智能化水平，加强传统能源和新能源发电的厂站级智能化建设，促进多种能源优化互补。

3）全面建设智能变电站，推广应用在线监测、状态诊断、智能巡检系统，建立电网对各类自然灾害的安全预警体系。

4）推进配电自动化建设，根据供电区域类型差异化配置，实现配电网可观可控。

5）提升输配电网络的柔性控制能力，示范应用配电侧储能系统及柔性直流输电工程。

6）构建"互联网＋"电力运营模式，推广双向互动智能计量技术应用。加快电能服务管理平台建设，实现用电信息采集系统全覆盖。

7）全面推广智能调度控制系统，应用大数据、云计算、物联网、移动互联网技术，提升信息平台承载能力和业务应用水平。

8）调动电力企业、装备制造企业、用户等市场主体的积极性，开展智能电网支撑智慧城市创新示范区，合力推动智能电网发展。

11.3.3 智能配电网的功能特征

与传统的配电网相比，智能配电网具有以下功能特征。

（1）自愈能力。自愈是指 SDG 能够及时检测出已发生或正在发生的故障并进行相应的纠正性操作，使其不影响对用户的正常供电或将其影响降至最小。自愈主要是解决"供电不间断"的问题，是对供电可靠性概念的发展，其内涵要大于供电可靠性。

（2）具有更高的安全性。智能配电网能够很好地抵御战争攻击、恐怖袭击与自然灾害的破坏，避免出现大面积停电；能够将外部破坏限制在一定范围内，保障重要用户的正常供电。

（3）提供更高的电能质量。智能配电网实时监测并控制电能质量，使电压有效值和波形符合用户的要求，即能够保证用户设备的正常运行并且不影响其使用寿命。

（4）支持 DER 的大量接入。这是智能配电网区别于传统配电网的重要特征。在 SDG里，不再像传统电网那样，被动地硬性限制分布式能源（DER）接入点与容量，而是从有利于可再生能源足额上网、节省整体投资出发，积极地接入分布式能源（DER）并发挥其作用。通过保护控制的自适应以及系统接口的标准化，支持 DER 的"即插即用"。通过分布式能源（DER）的优化调度，实现对各种能源的优化利用。

（5）支持与用户互动。与用户互动也是智能配电网区别于传统配电网的重要特征之一。主要体现在两个方面：一是应用智能电表，实行分时电价、动态实时电价，让用户自行选择用电时段，在节省电费的同时，为降低电网高峰负荷作贡献；二是允许并积极创造条件让拥有分布式能源（DER），包括电动车的用户在用电高峰时向电网送电。

（6）对配电网及其设备进行可视化管理。智能配电网全面采集配电网及其设备的实时运行数据以及电能质量扰动、故障停电等数据，为运行人员提供高级的图形界面，使其能够全面掌握电网及其设备的运行状态，克服目前配电网因"盲管"造成的反应速度慢、效率低下问题。对电网运行状态进行在线诊断与风险分析，为运行人员进行调度决策提供技术支持。

11.3.4　主动配电网概述

主动配电网的定义：主动配电网是将包括发电机，负载和储能装置在内的分布式资源进行组合控制的系统；配电运行人员能够应用灵活的网络拓扑调整潮流的分布；分布式资源可以根据适当的监管政策以及用户接入协议，向系统提供一定程度的辅助服务支撑。

为了进一步阐明主动配电网的内涵，下面对主动配电网的主要特征作简要描述。根据已有研究成果并结合作者的理解，归纳的主动配电网的主要特征为：

（1）主动配电网的一次网架结构能够满足较高渗透率的分布式电源从不同电压等级和地理位置接入，并配置了在分布式电源和负荷大幅度变化情况下的潮流双向流动的有效调节手段和配电网电压的有效控制手段。

（2）主动配电网配备了高可靠性和足够带宽的通信网络和优化调度控制软件系统，并实现了对分布式能源和配电网线损（这里指技术线损）的有效管理。

（3）主动配电网应配备完善的继电保护和自动化系统，再考虑到采用一些配电新技术和分布式电源接入等因素，与传统的被动配电网（Passive Distribution Network，PDN）相比，主动配电网应具有更高的供电可靠性。

11.3.5　微网概述

微网是指由分布式电源、储能装置、能量转换装置、相关负荷和监控、保护装置汇集而成的小型发配电系统，是一个能够实现自我控制、保护和管理的自治系统，既可以与外部电网并网运行，也可以孤立运行。从微观看，微网可以看做是小型的电力系统，它具备完整的发输配电功能，可以实现局部的功率平衡与能量优化，它与带有负荷的分布式发电系统的本质区别在于同时具有并网和独立运行能力。从宏观，微网又可以认为是配电网中的一个"虚拟"的电源或负荷。

现有研究和实践表明，将分布式电源以微网形式接入到电网中并网运行，与电网互为支撑，是发挥分布式电源效能的最有效方式，具有巨大的社会与经济意义，体现在：①可大大提高分布式电源的利用率；②有助于电网灾变时向重要负荷持续供电；③避免间歇式电源对周围用户电能质量的直接影响；④有助于可再生能源优化利用和电网的节能降损等。为了满足不同的功能需求，微网可以有多种结构如图 11-2 所示。

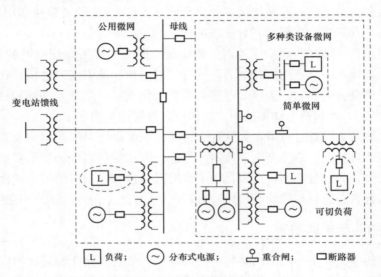

图 11-2　微网结构示意图

11.4　泛在电力物联网

11.4.1　泛在电力物联网定义

泛在电力物联网技术与智能配电网深度融合后的一种新型电力网络形态，通过在感知层、网络层、平台层、应用层中配置相关的信息采集、传输、计算、分析设备及应用软件，使配电网设备具备灵敏准确的感知能力及设备间互联、互通、互操作功能，实现配电侧状态全面感知、信息高效处理、应用便捷灵活。

感知层（Perception layer）负责采集外界环境和终端的状态信息，全面感知终端和数据状态，实现业务终端全连接，具备边缘计算数据交互与智能处理能力和统一物联管理能力，在源端实现数据融通和边缘智能，推动跨专业数据同源采集。主要包括现场采集部件、智能业务终端、本地通信接入、边缘物联代理等部分。

网络层（Network layer）主要负责实现内、外部设备、用户和数据的即时连接，是感知层、平台层和应用层的互联纽带，由骨干网和接入网组成。骨干网包括传输网、业务网和支撑网，实现信息的传输，并支撑平台层和应用层的数据传送。接入网包括光纤、无线、电力线载波等通信方式，为感知层泛在终端提供远程通信通道。

平台层（Platform layer）主要负责解决数据的管理问题。通过对各类数据统一标准、统一模型管理，实现海量数据的存储、处理、分析与共享，从而支持共享应用。依托大数据、云计算技术，挖掘海量采集数据价值，实现能力开放。依托物联管理功能，构建物联主站，实现各类采集数据"一次采集，处处使用"。实现对内业务、对外业务相关应用的全面支撑。

应用层（Application layer）依托平台层所提供共享服务能力，快速构建对内业务和对外业务应用，促进管理提升和业务转型。其中对内业务属于能源监管类业务，包括电网运行、企业运营、客户服务、清洁能源消纳等应用；对外业务属于市场竞争类业务，包括综合能源服务、大数据运营、智慧车联网等应用。

泛在电力物联网将电力用户及其设备，电网企业及其设备，发电企业及其设备，供应商及其设备，以及人和物连接起来，产生共享数据，为用户、电网、发电、供应商和政府社会服务；以电网为枢纽，发挥平台和共享作用，为全行业和更多市场主体发展创造更大机遇，提供价值服务（见图 11-3）。

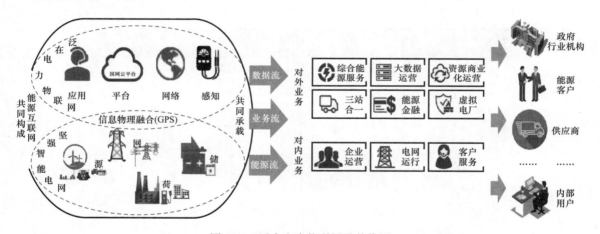

图 11-3　泛在电力物联网及其作用

为此，需加快泛在电力物联网建设，在现有基础上，从全息感知、泛在连接、开放共享、融合创新四个方面进行提升。

11.4.2　配电物联网体系构架

配电物联网划分为云、管、边、端四大核心层级（见图 11-4）。"云"是云化的主站，实现泛在互联、开放应用、协同自治和智能决策功能；"管"是主站与终端之间的数据传输通道；"边"是处于网络边缘的分布式智能代理，拓展了"云"收集和管理数据的范围和能力；"端"是配电物联网架构中的状态感知和执行控制主体终端单元。

在终端层引入物联代理，实现云边协同和海量终端统一接入；在平台层通过构建物联管理中心和能力开放中心，打通用户、业务和终端各环节，实现资源开放共享；在安全层，构建物联网安全防护体系，实现端到端可信环境。

（1）"云"层体系架构（见图 11-5）。融合中压配电网运行数据、智能配变终端边缘计算数据，实现中低压电网贯通下的综合分析应用；支持站-端构建"云端协同"体系，实现台区分层分布式感知。

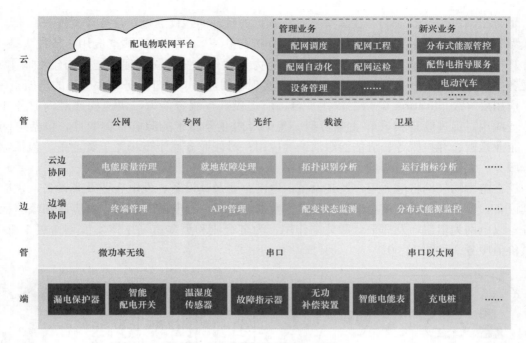

图 11-4 配电物联网体系构架

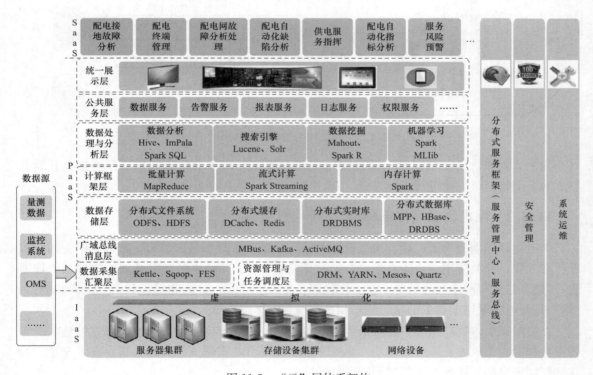

图 11-5 "云"层体系架构

(2)"管"层体系架构（见图 11-6）。借助现有包括光纤、电力无线专网、无线公网等通信方式，实现云与边缘节点之间高可靠、低时延、差异化的通信。

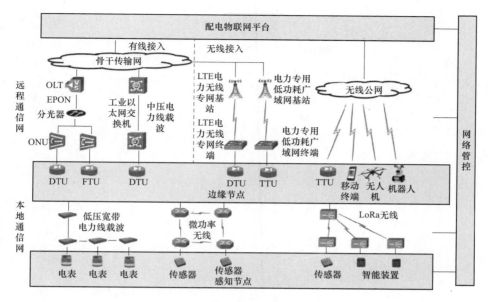

图 11-6　"管"层体系架构